REGIÕES DO CORPO

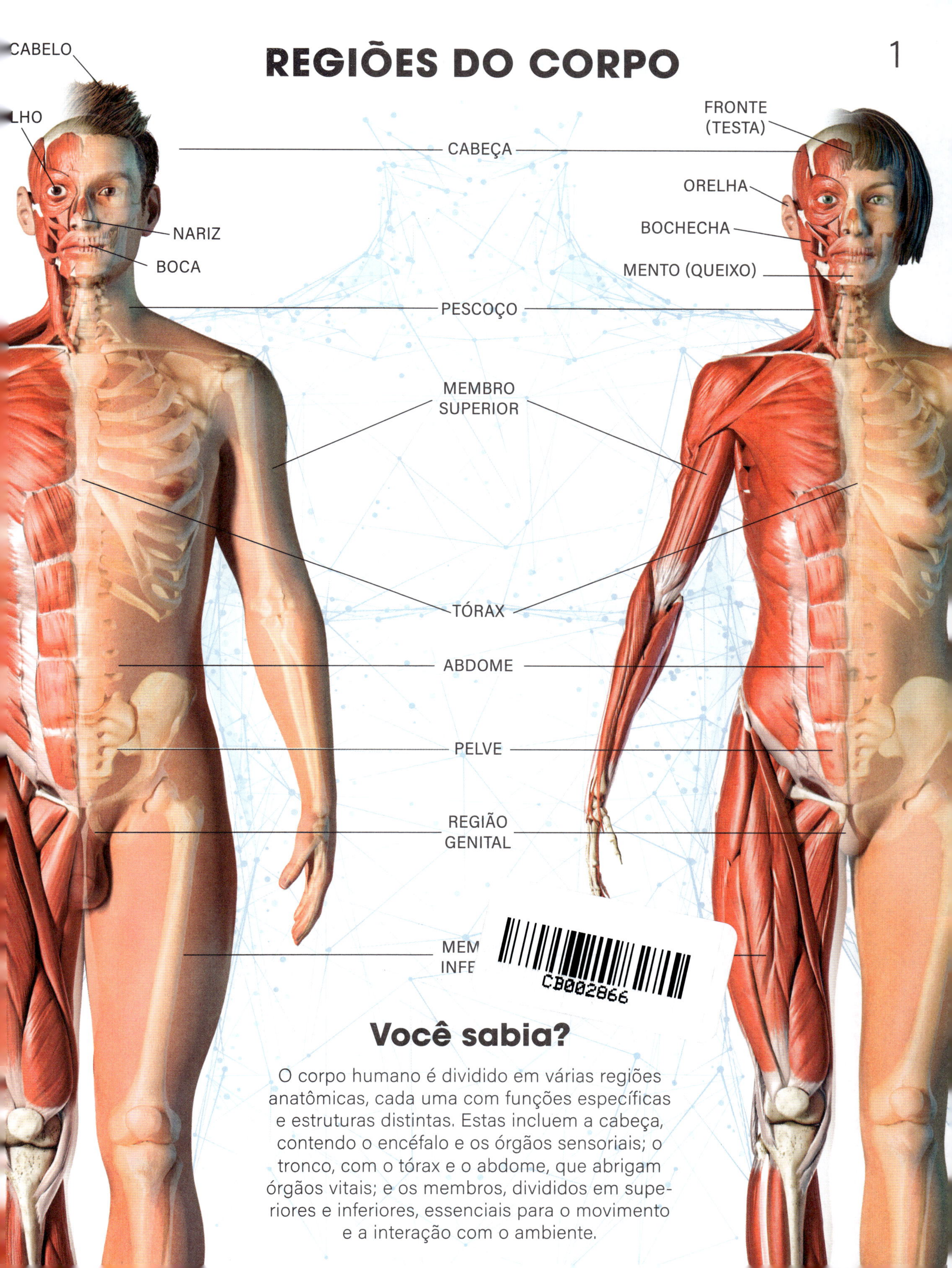

Você sabia?

O corpo humano é dividido em várias regiões anatômicas, cada uma com funções específicas e estruturas distintas. Estas incluem a cabeça, contendo o encéfalo e os órgãos sensoriais; o tronco, com o tórax e o abdome, que abrigam órgãos vitais; e os membros, divididos em superiores e inferiores, essenciais para o movimento e a interação com o ambiente.

SISTEMA ESQUELÉTICO

CRÂNIO

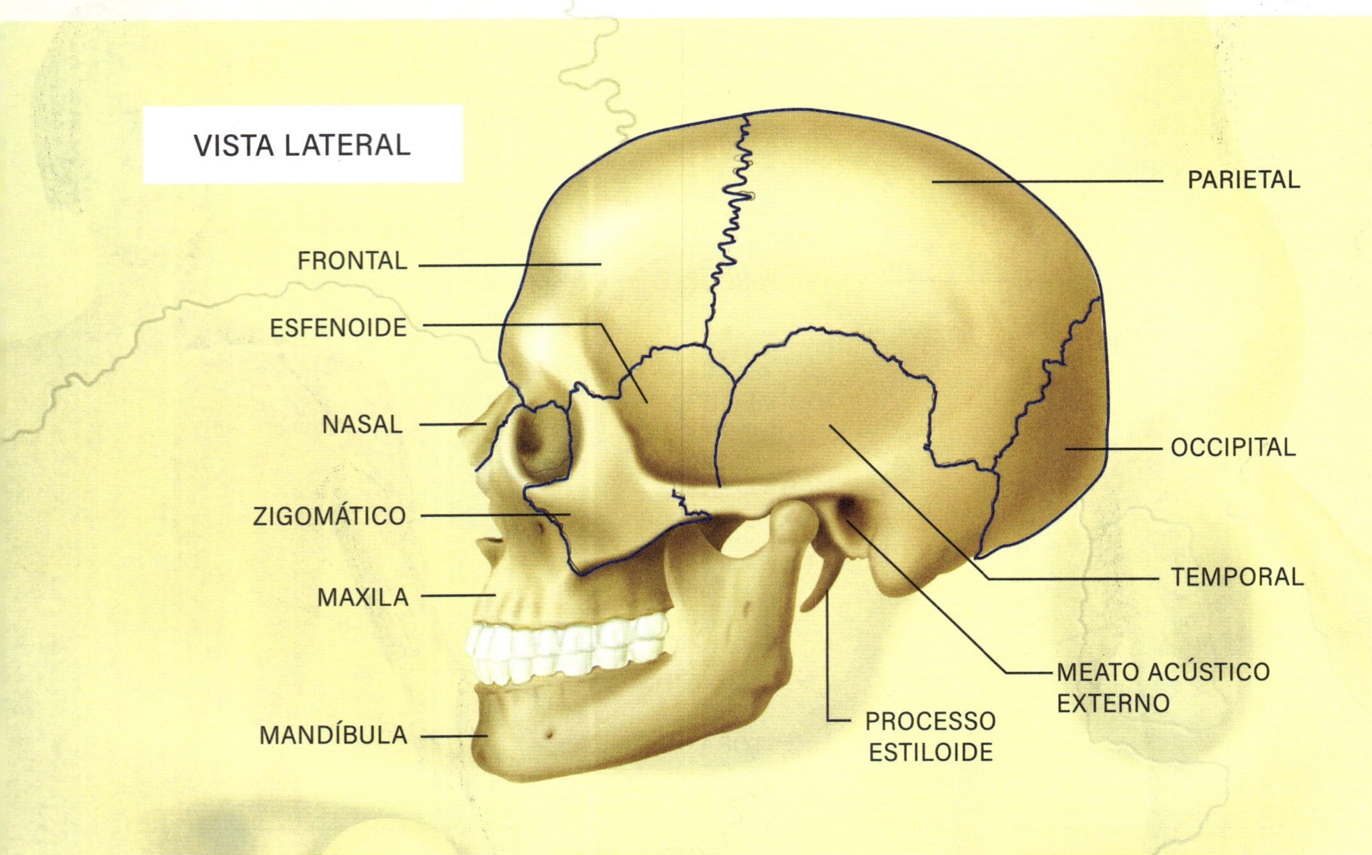

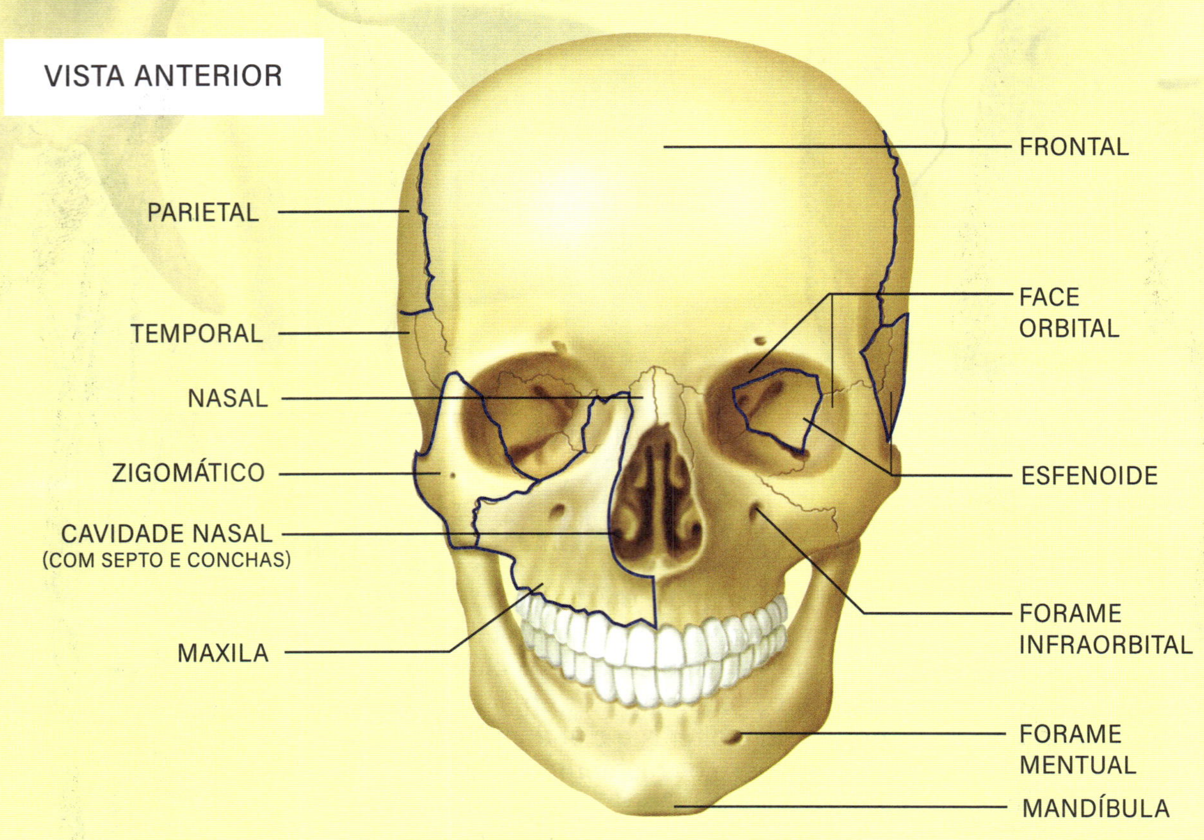

SISTEMA ESQUELÉTICO

COLUNA VERTEBRAL

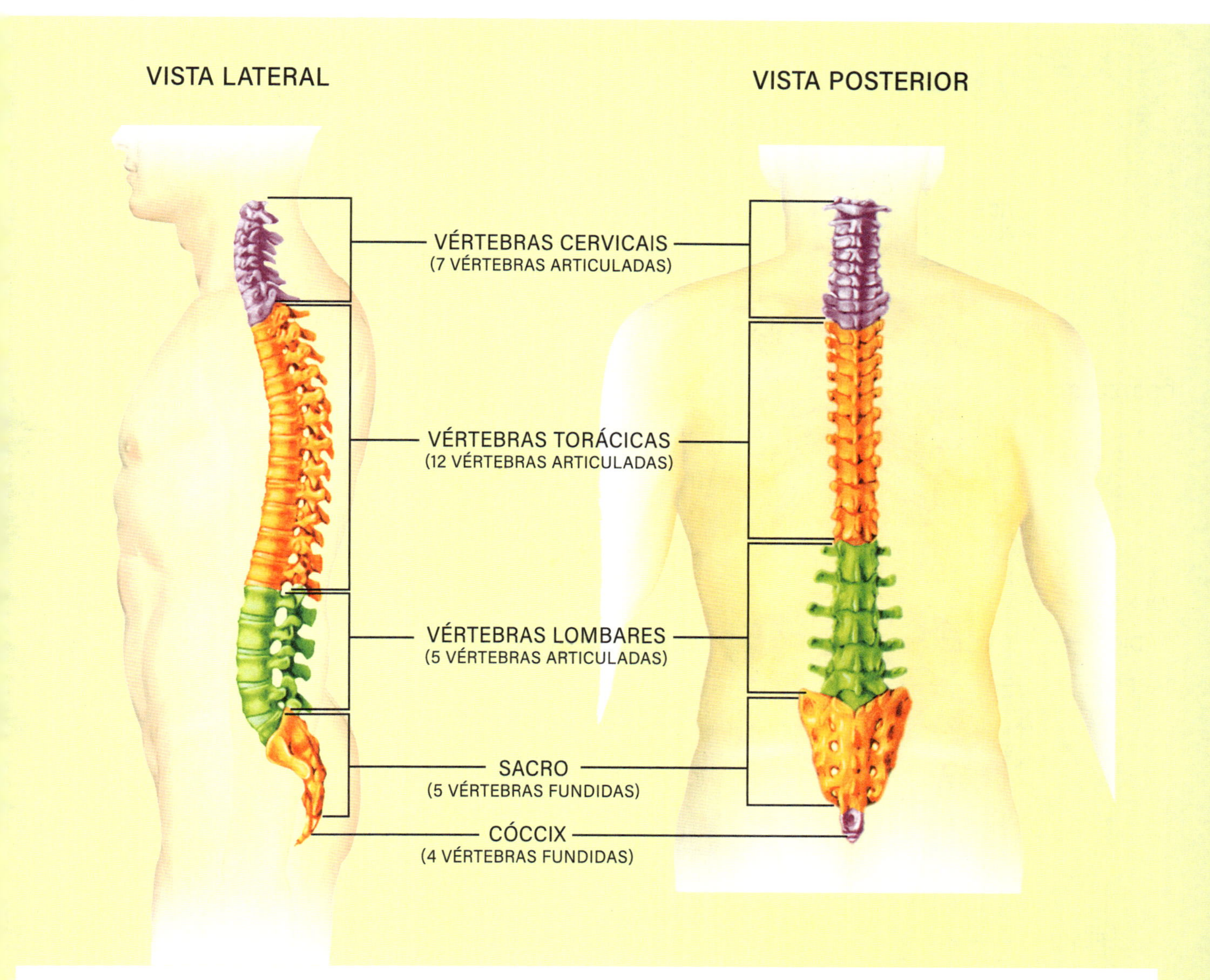

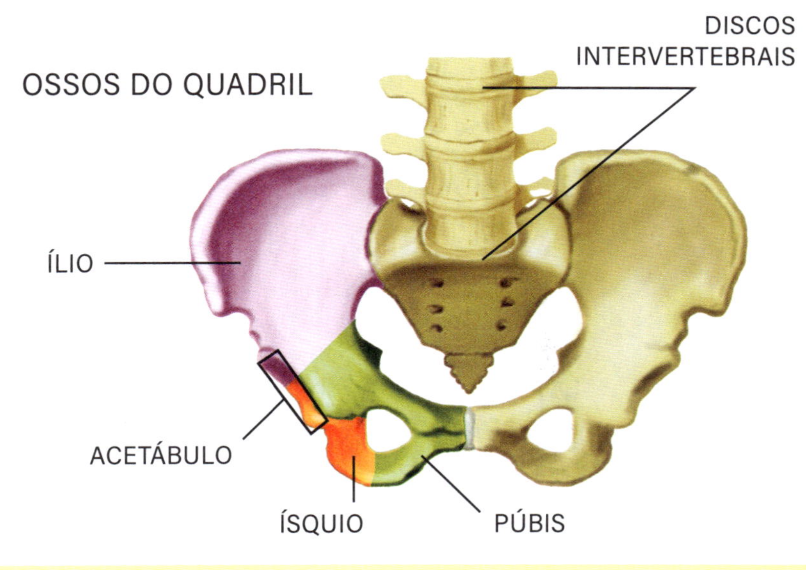

Você sabia?

Os ossos do quadril humano, formados pela fusão do ílio, ísquio e púbis, são essenciais para a estrutura e a mobilidade do corpo. Eles não só suportam o peso do tronco nas posições sentada e em pé, mas também desempenham um papel crucial na locomoção, permitindo movimentos como caminhar, correr e saltar.

SISTEMA ESQUELÉTICO

VISTA ANTERIOR

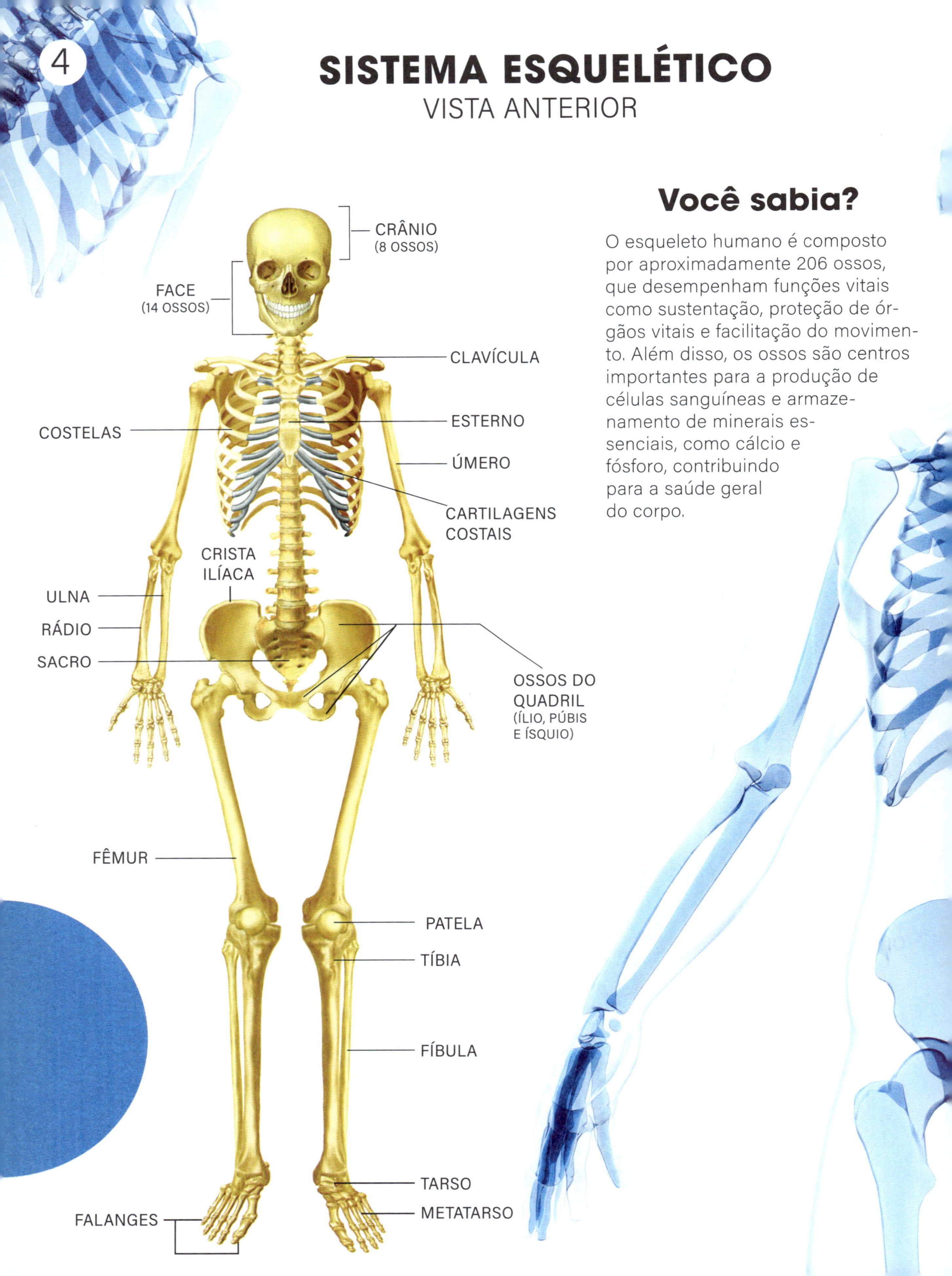

Você sabia?

O esqueleto humano é composto por aproximadamente 206 ossos, que desempenham funções vitais como sustentação, proteção de órgãos vitais e facilitação do movimento. Além disso, os ossos são centros importantes para a produção de células sanguíneas e armazenamento de minerais essenciais, como cálcio e fósforo, contribuindo para a saúde geral do corpo.

SISTEMA ESQUELÉTICO

MÃO E PÉ

VISTA DORSAL
OSSOS DA MÃO DIREITA

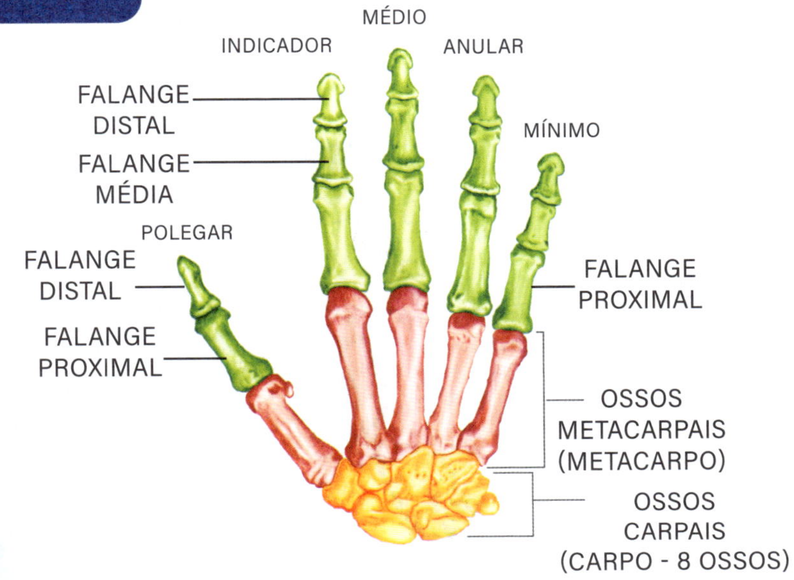

VISTA DORSAL OSSOS DO PÉ DIREITO

VISTA PLANTAR OSSOS DO PÉ DIREITO

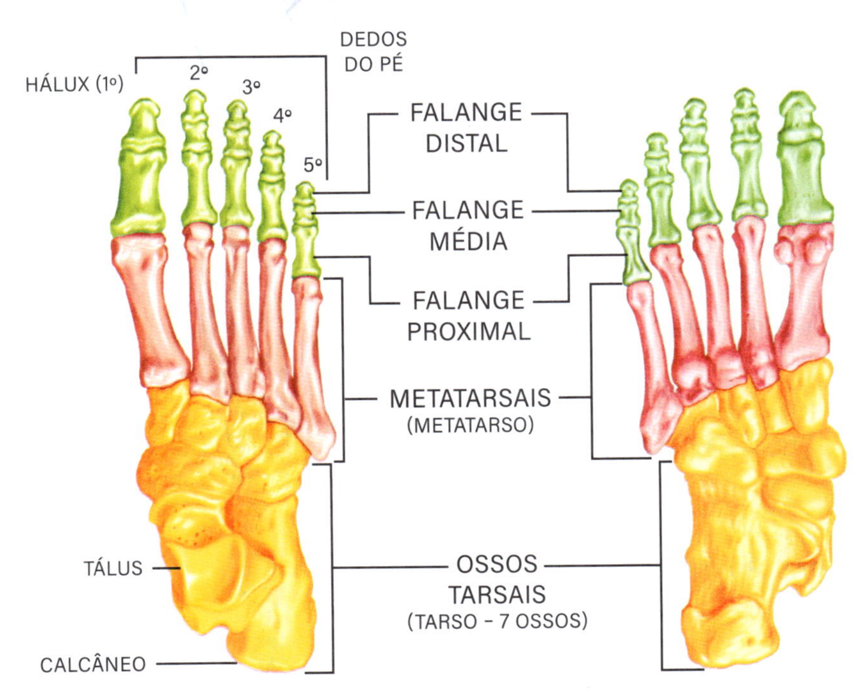

SISTEMA MUSCULAR
COMPLETO

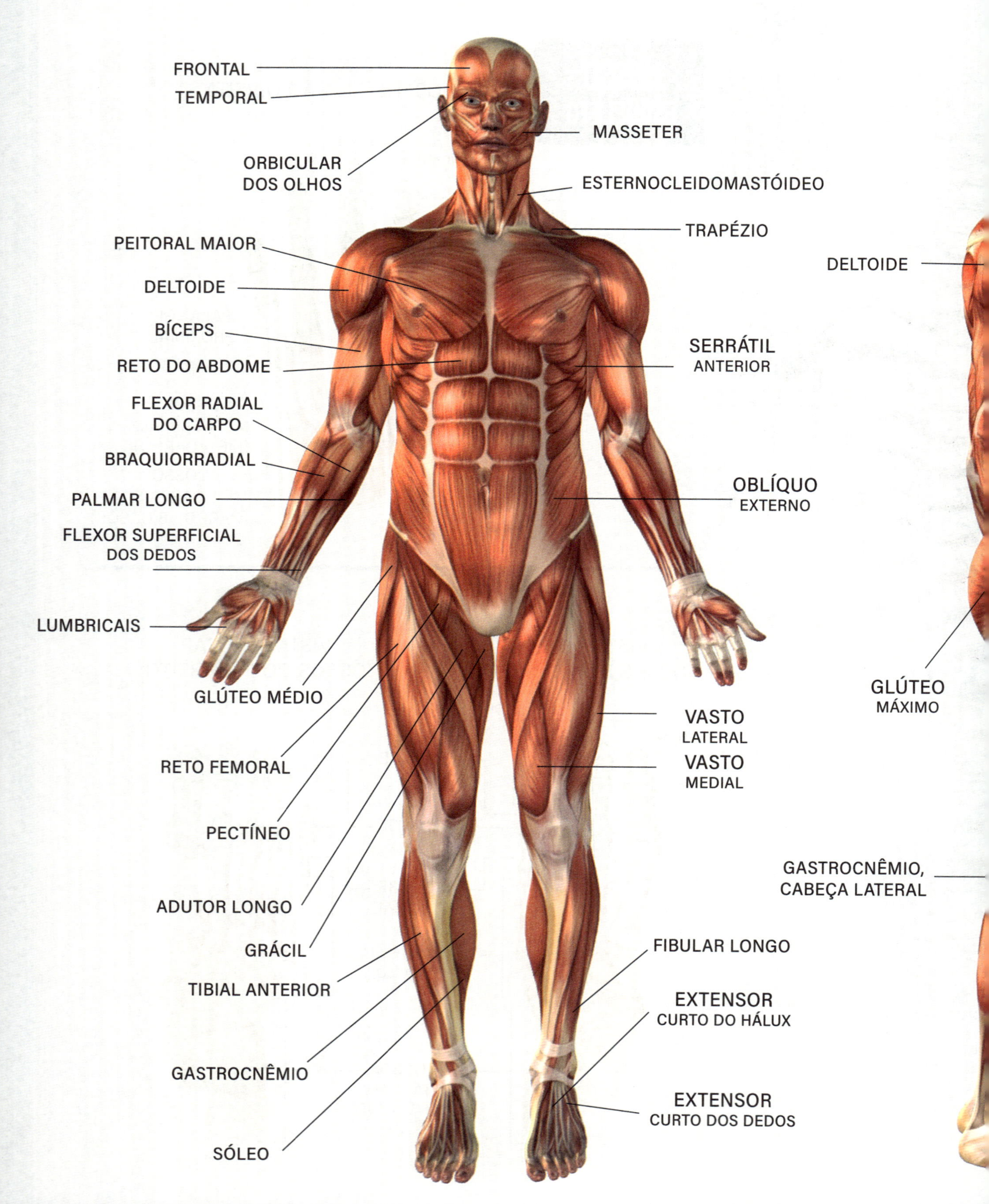

Você sabia?

Os músculos do ser humano, mais de 600 no total, são essenciais para o movimento e a sustentação do corpo. Eles se dividem em três tipos principais: esqueléticos, responsáveis pelos movimentos voluntários; lisos, encontrados em órgãos internos; e cardíacos, exclusivos do coração.

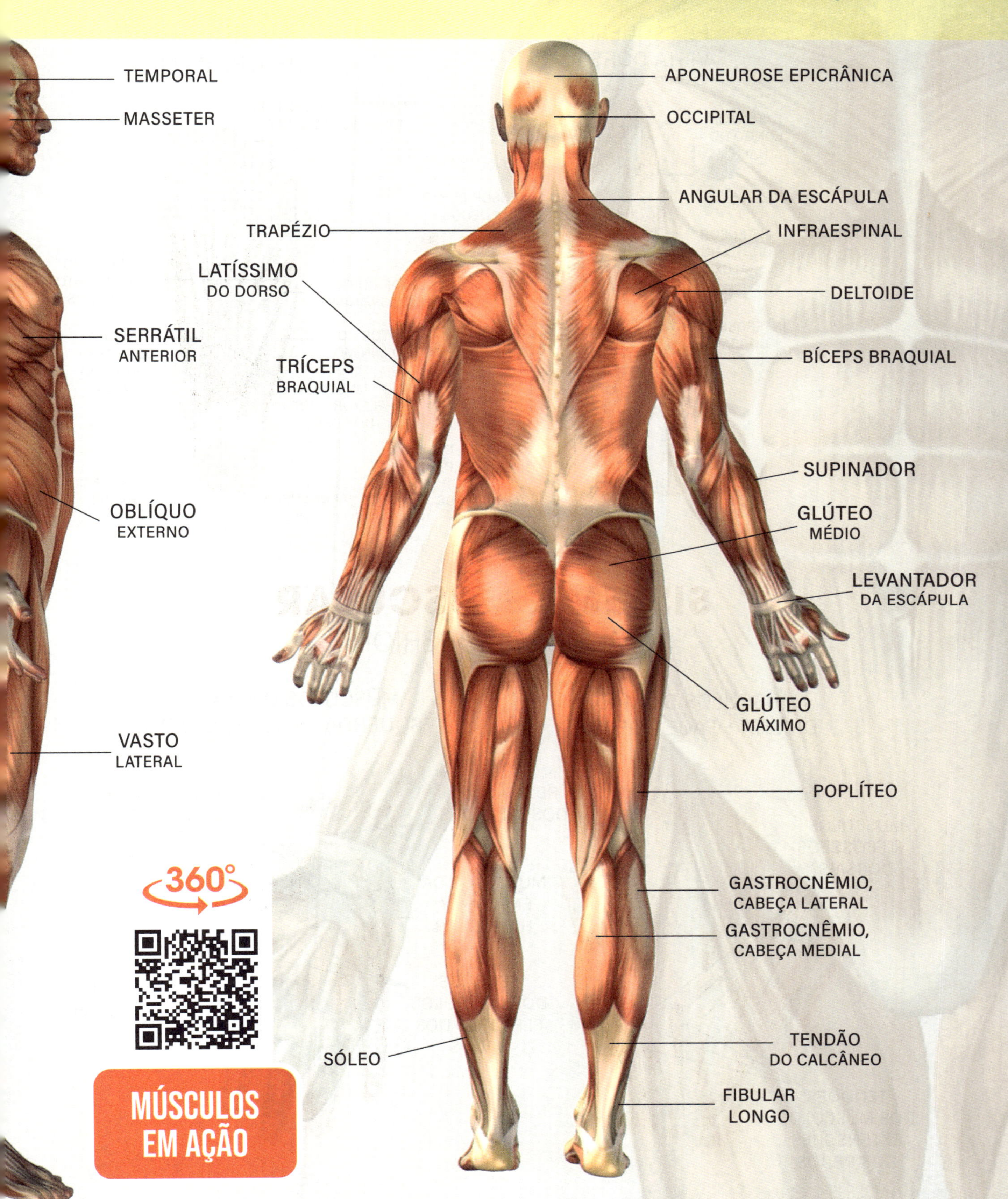

SISTEMA MUSCULAR

MEMBRO INFERIOR

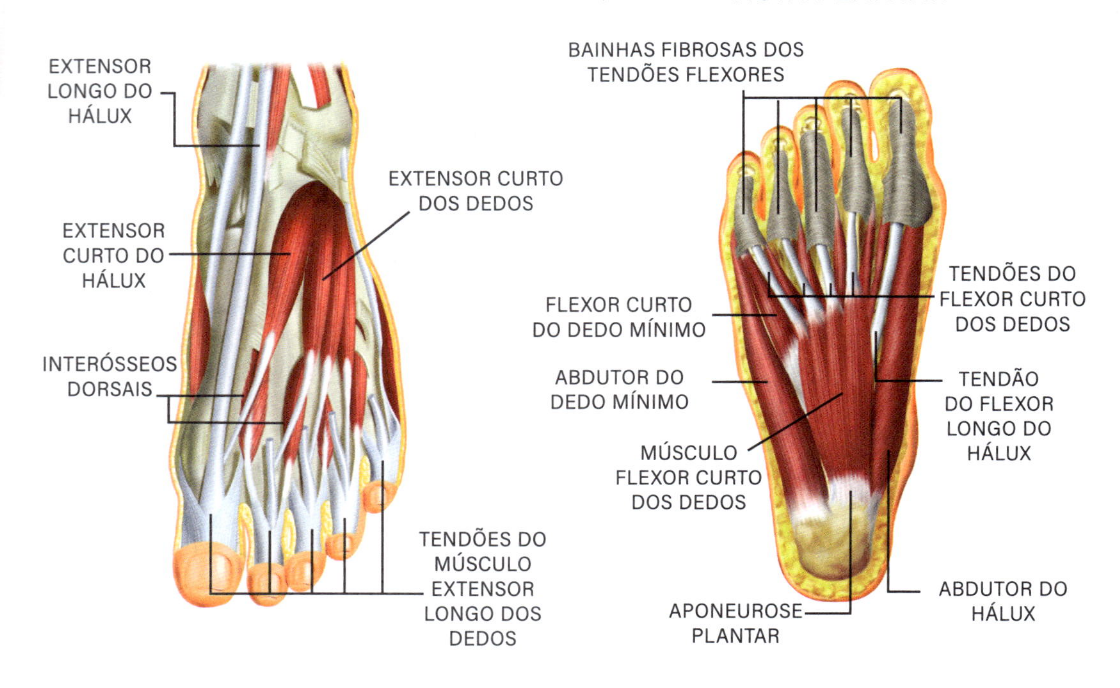

SISTEMA MUSCULAR

MEMBRO SUPERIOR

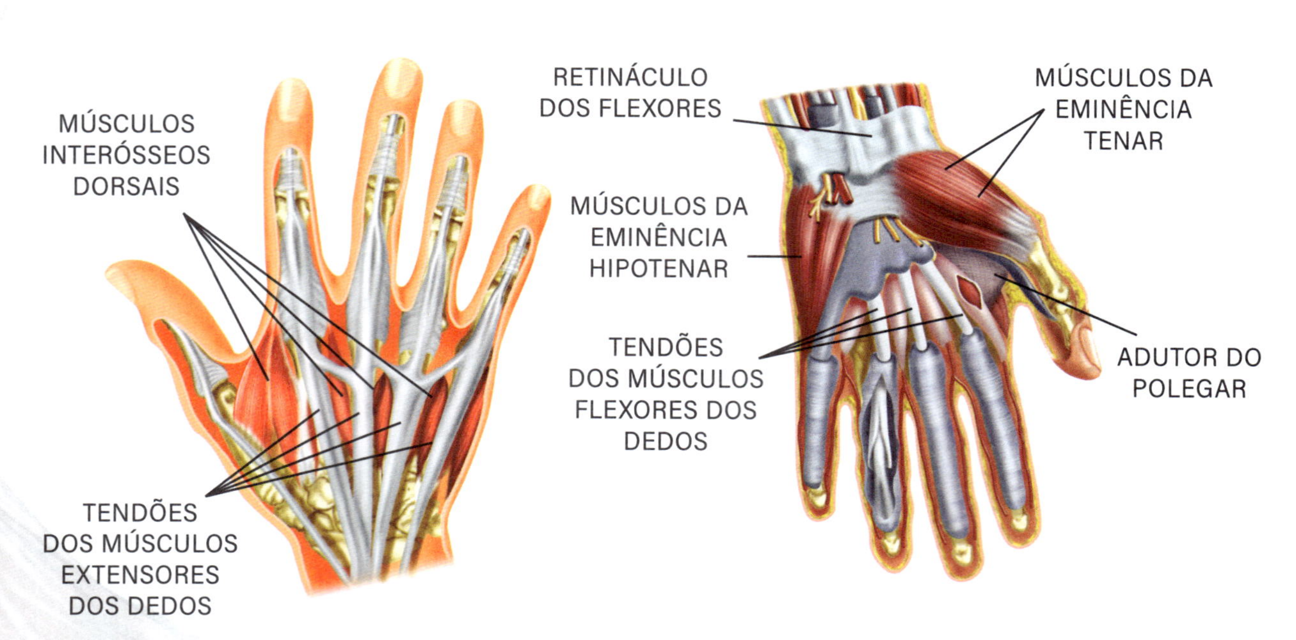

SISTEMA ARTICULAR

ARTICULAÇÕES

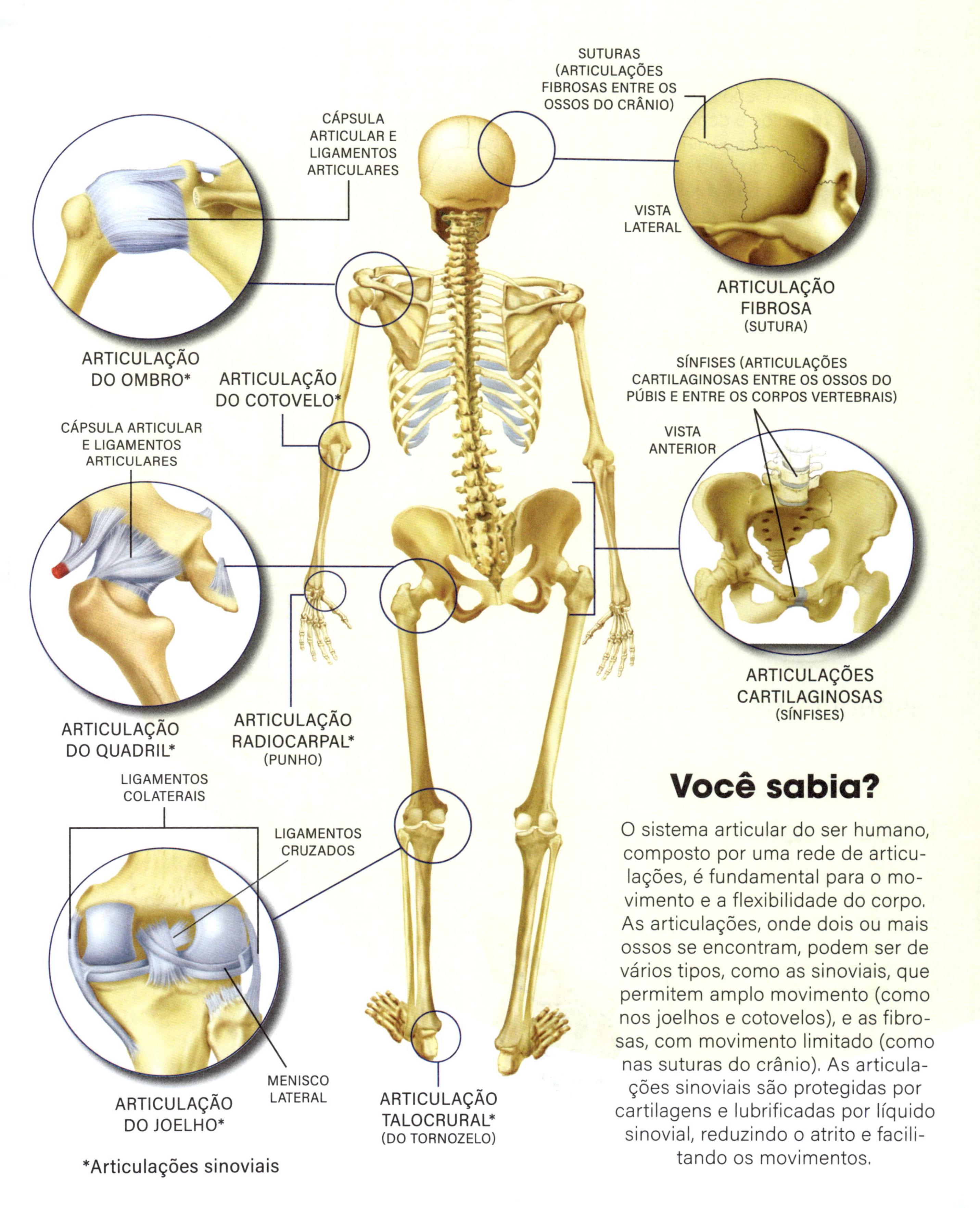

*Articulações sinoviais

Você sabia?

O sistema articular do ser humano, composto por uma rede de articulações, é fundamental para o movimento e a flexibilidade do corpo. As articulações, onde dois ou mais ossos se encontram, podem ser de vários tipos, como as sinoviais, que permitem amplo movimento (como nos joelhos e cotovelos), e as fibrosas, com movimento limitado (como nas suturas do crânio). As articulações sinoviais são protegidas por cartilagens e lubrificadas por líquido sinovial, reduzindo o atrito e facilitando os movimentos.

SISTEMA RESPIRATÓRIO

ESQUEMA GERAL

O sistema respiratório humano é uma engenharia biológica fascinante, essencial para a sobrevivência. Começando pelas narinas e a boca, o ar é conduzido para os pulmões passando pela faringe, laringe e traqueia. Nos pulmões, que são protegidos pela robusta caixa torácica, o ar alcança os brônquios e depois os bronquíolos, culminando nos alvéolos. Nesses minúsculos sacos aéreos ocorre a troca vital de gases: o oxigênio é absorvido pelo sangue, enquanto o dióxido de carbono, um produto residual do metabolismo, é expelido.

LOBO SUPERIOR

TRAQUEIA

PULMÕES

BRÔNQUIOS

BRONQUÍOLOS

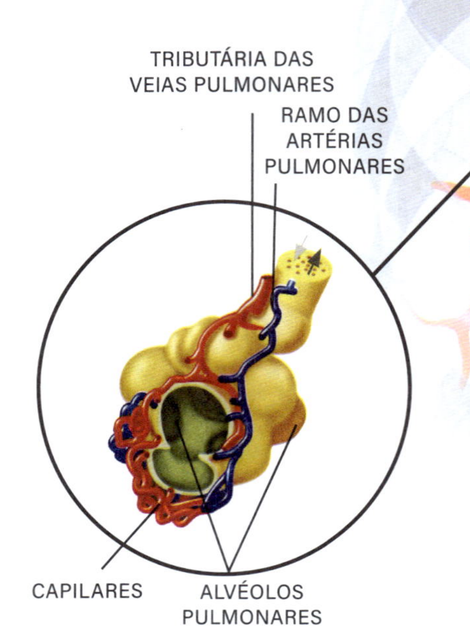

LOBO INFERIOR

Você sabia?

Os alvéolos pulmonares são componentes vitais do sistema respiratório humano, atuando como locais primários para a troca de gases. Essas minúsculas estruturas saculares maximizam a área de superfície para a eficiente transferência de oxigênio para o sangue e a remoção de dióxido de carbono.

SISTEMA RESPIRATÓRIO

ÁRVORE BRÔNQUICA

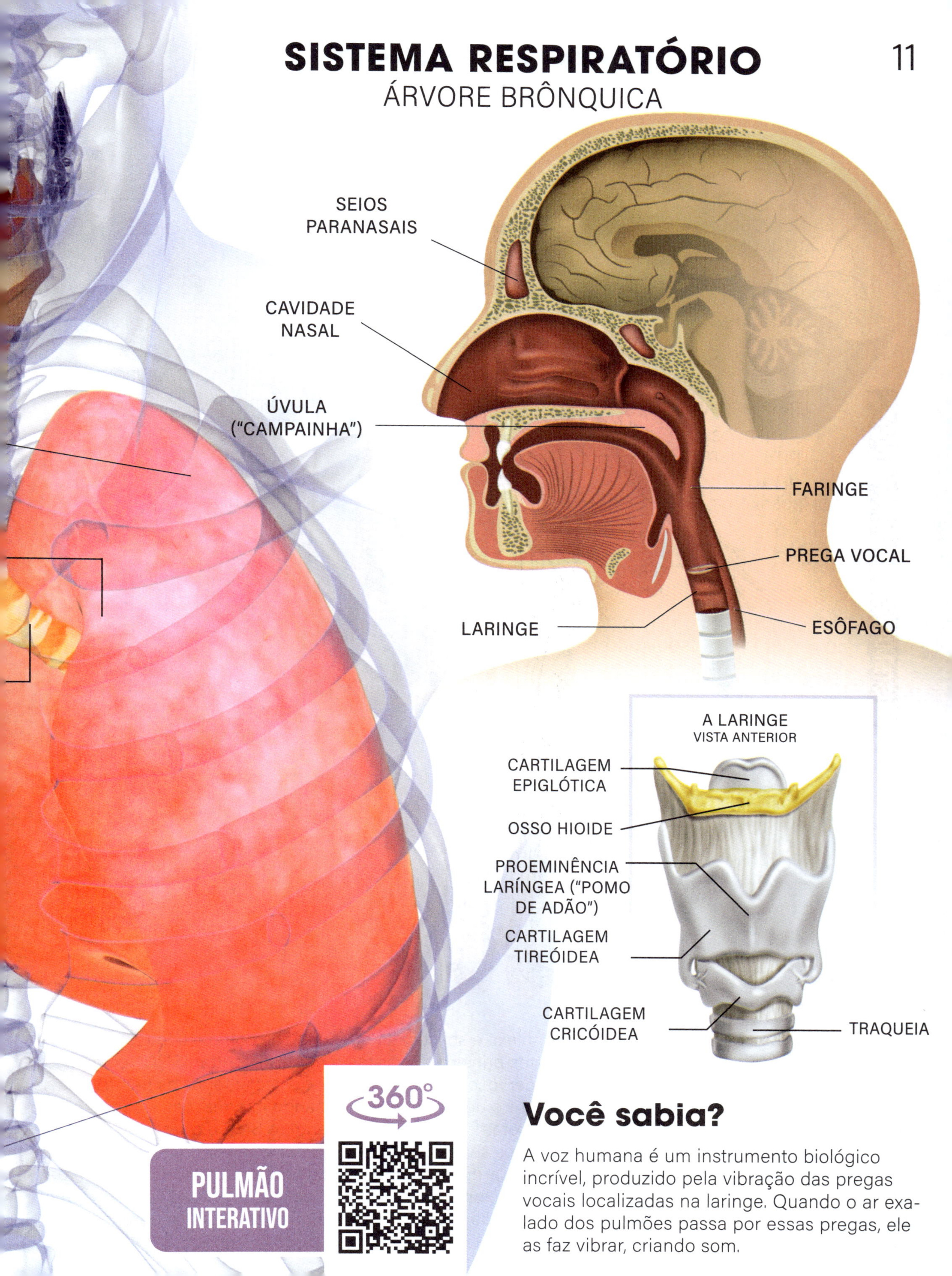

Você sabia?

A voz humana é um instrumento biológico incrível, produzido pela vibração das pregas vocais localizadas na laringe. Quando o ar exalado dos pulmões passa por essas pregas, ele as faz vibrar, criando som.

SISTEMA NERVOSO
ESQUEMA GERAL

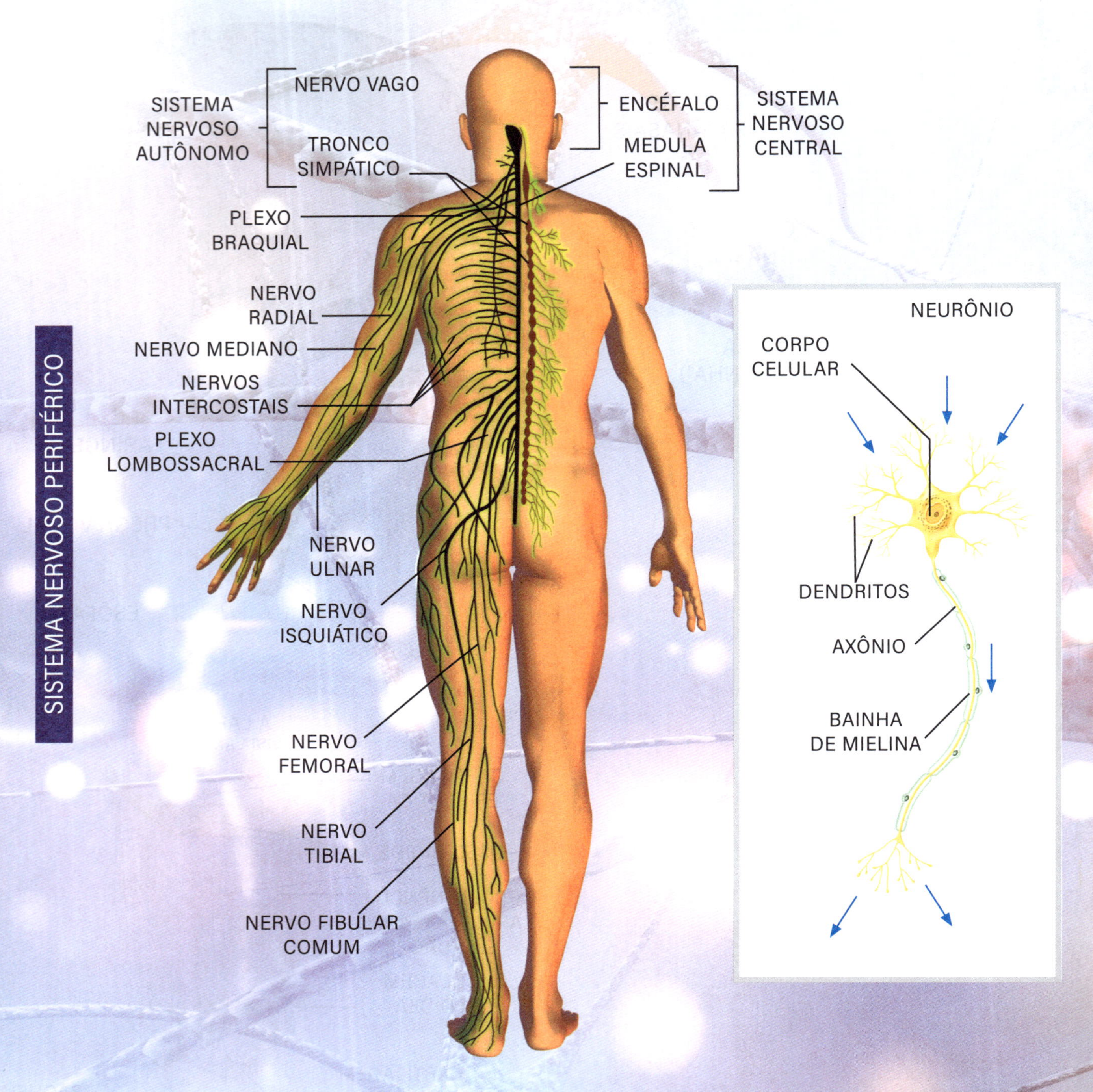

O sistema nervoso humano é uma rede complexa e sofisticada que funciona como o centro de comando do corpo. Ele é dividido em duas partes principais: o sistema nervoso central (SNC), composto pelo encéfalo e medula espinal, e o sistema nervoso periférico (SNP), que inclui todos os nervos que se ramificam pelo corpo. O SNC é o principal centro de controle, processando informações e coordenando as respostas do corpo. O SNP, por outro lado, atua como uma ponte entre o SNC e o resto do corpo, transmitindo comandos e coletando informações sensoriais. O sistema nervoso também é responsável por funções vitais como respiração, frequência cardíaca e regulação da temperatura corporal, além de ser fundamental para processos cognitivos, emocionais e sensoriais. Sua incrível capacidade de aprendizagem e adaptação, conhecida como plasticidade neuronal, permite que continuemos aprendendo e nos adaptando ao longo de nossas vidas.

SISTEMA NERVOSO

ENCÉFALO

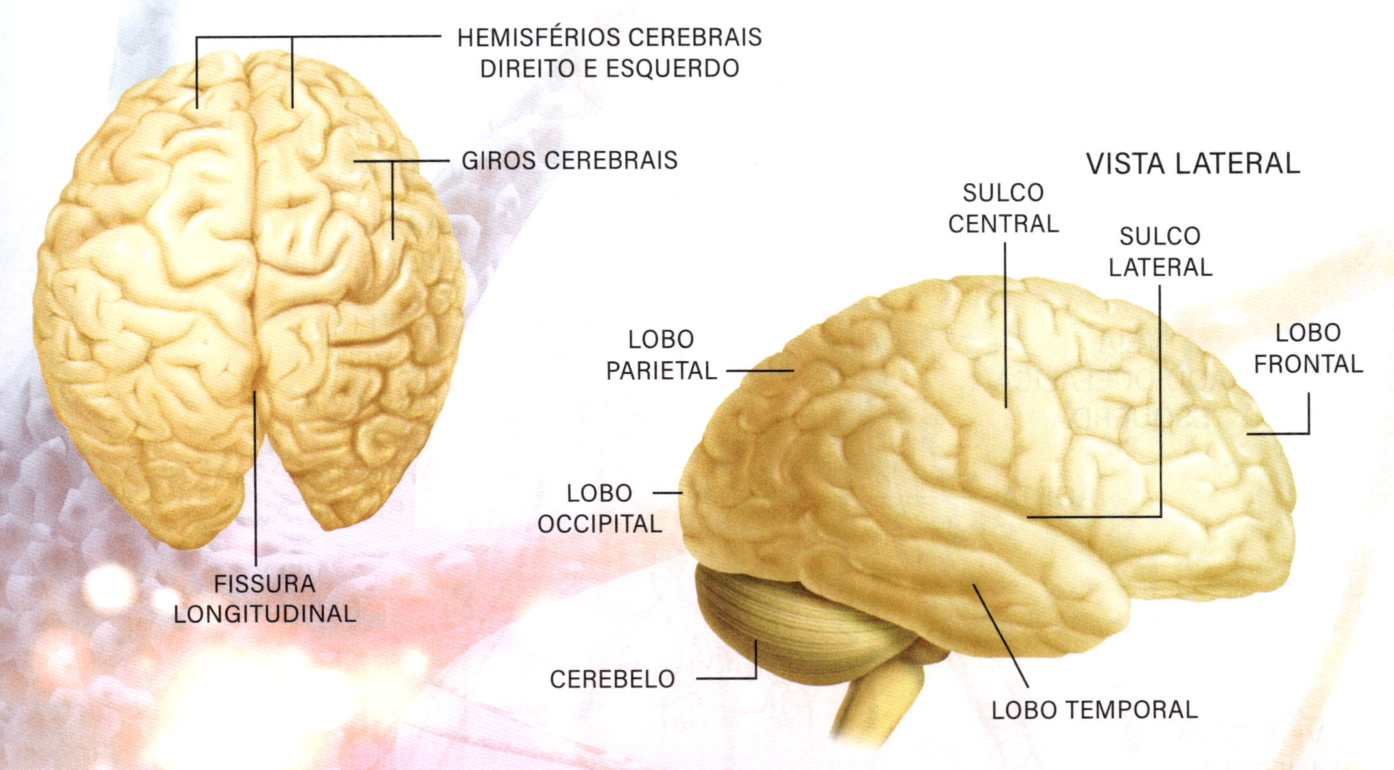

VISTA MEDIAL

TELENCÉFALO*
DIENCÉFALO*
CORPO CALOSO*
SULCO PARIETO-OCCIPITAL
SEPTO PELÚCIDO
CÓRTEX CEREBRAL
MESENCÉFALO**
PONTE**
BULBO**
CEREBELO
MEDULA ESPINAL

* CÉREBRO
**TRONCO ENCEFÁLICO

Você sabia?

O córtex cerebral, uma camada fina de substância cinzenta que reveste a superfície do cérebro, é o centro de funções complexas como pensamento, percepção, tomada de decisões e linguagem. Rico em neurônios, ele se divide em quatro lobos principais – frontal, parietal, temporal e occipital –, cada um desempenhando papéis distintos em processos cognitivos e sensoriais. Essa estrutura notável é fundamental para a nossa capacidade de raciocinar, sonhar e imaginar, destacando a complexidade e a sofisticação do cérebro humano.

SISTEMA CIRCULATÓRIO

GRANDES VASOS DO CORPO I

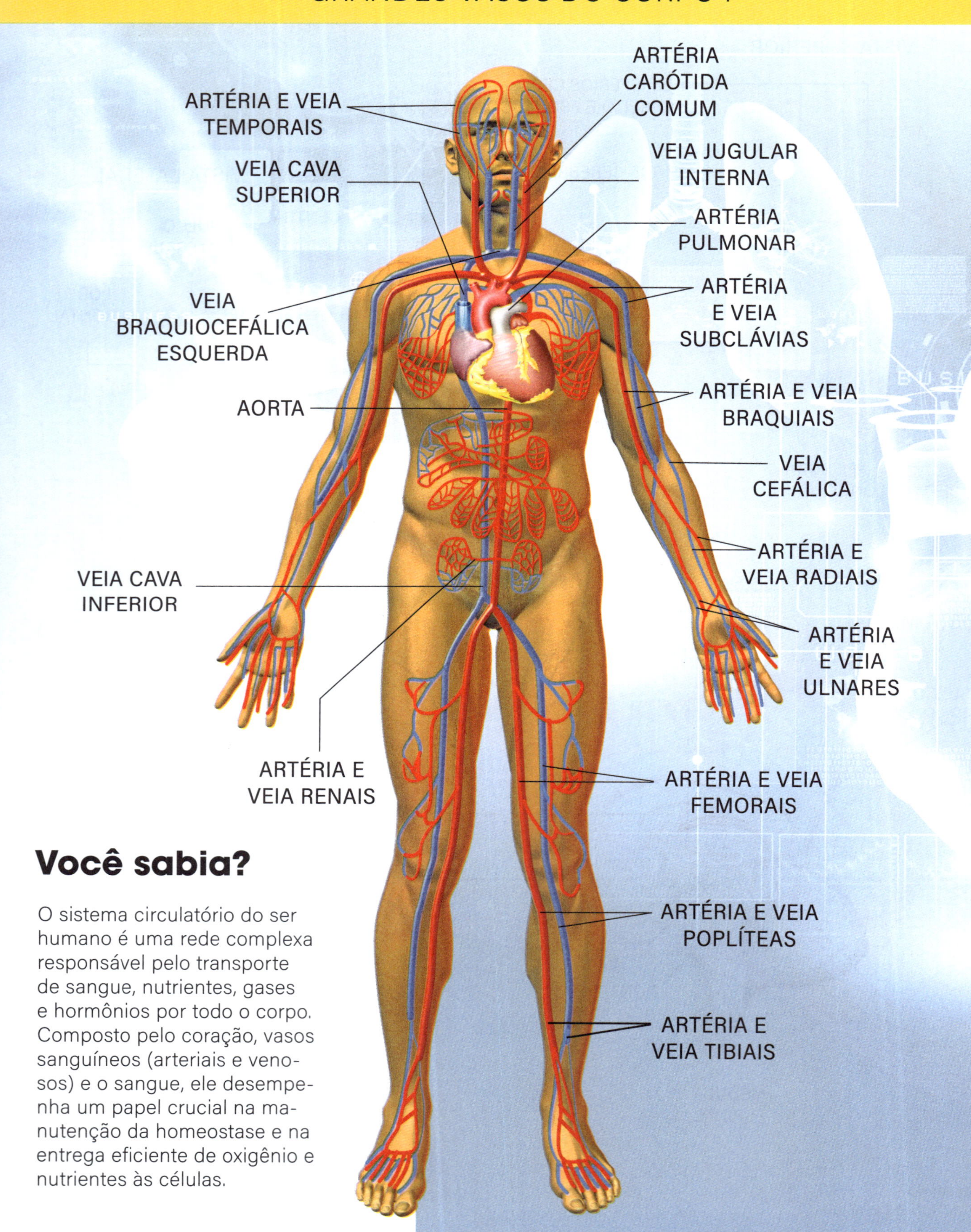

Você sabia?

O sistema circulatório do ser humano é uma rede complexa responsável pelo transporte de sangue, nutrientes, gases e hormônios por todo o corpo. Composto pelo coração, vasos sanguíneos (arteriais e venosos) e o sangue, ele desempenha um papel crucial na manutenção da homeostase e na entrega eficiente de oxigênio e nutrientes às células.

SISTEMA CIRCULATÓRIO

GRANDES VASOS DO CORPO II

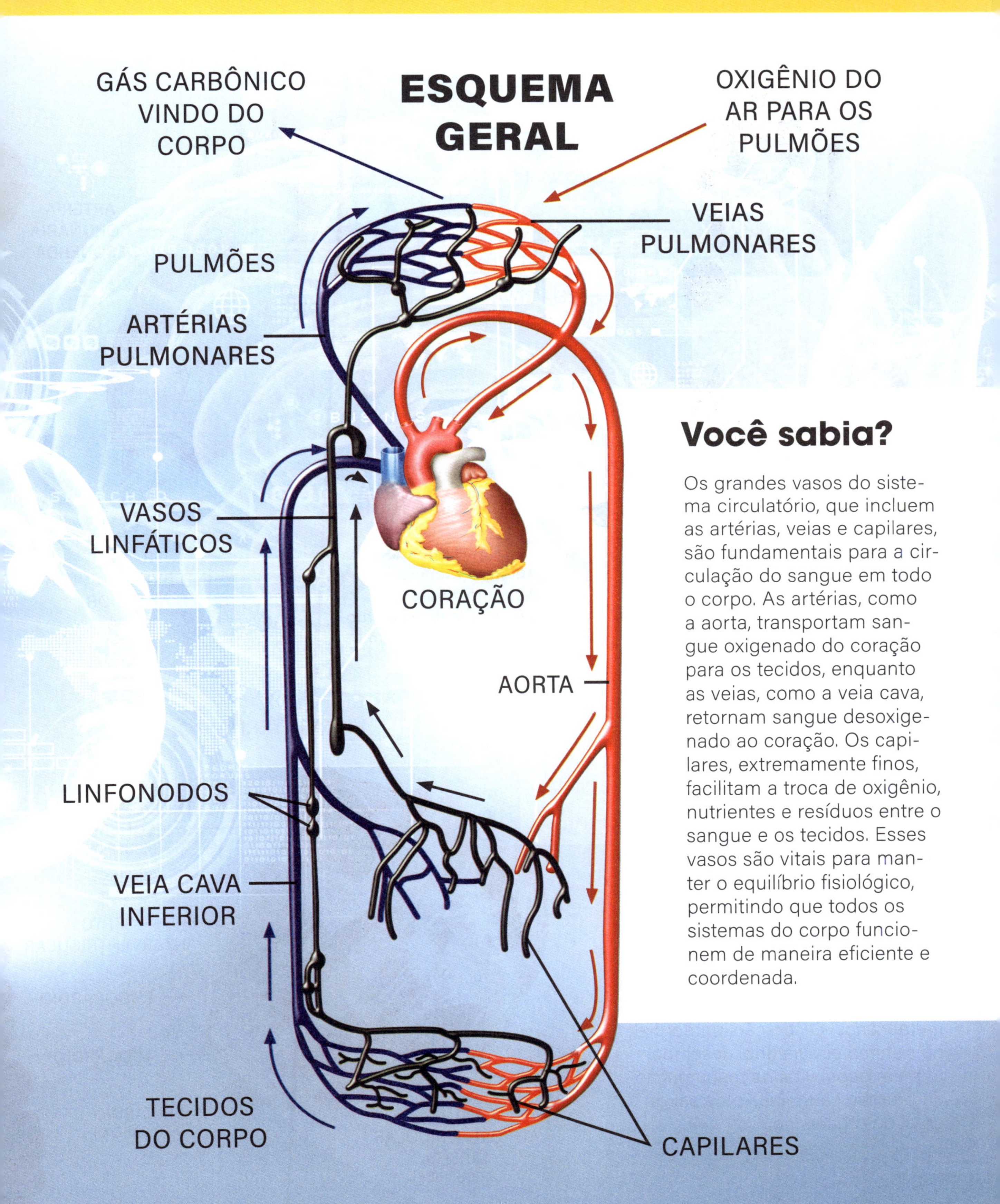

Você sabia?

Os grandes vasos do sistema circulatório, que incluem as artérias, veias e capilares, são fundamentais para a circulação do sangue em todo o corpo. As artérias, como a aorta, transportam sangue oxigenado do coração para os tecidos, enquanto as veias, como a veia cava, retornam sangue desoxigenado ao coração. Os capilares, extremamente finos, facilitam a troca de oxigênio, nutrientes e resíduos entre o sangue e os tecidos. Esses vasos são vitais para manter o equilíbrio fisiológico, permitindo que todos os sistemas do corpo funcionem de maneira eficiente e coordenada.

SISTEMA CIRCULATÓRIO

CORAÇÃO

VISTA POSTERIOR

ARTÉRIAS PULMONARES

VEIA CAVA SUPERIOR

4 VEIAS PULMONARES

VEIA CAVA INFERIOR

SEIO CORONÁRIO

VISTA ANTERIOR

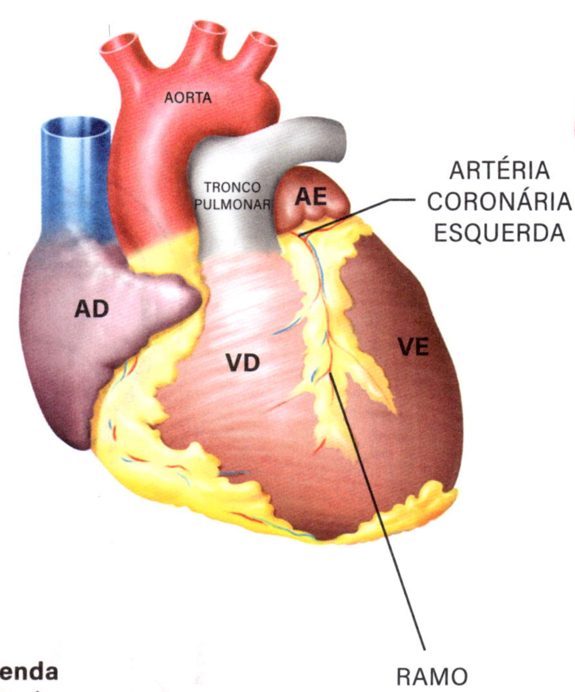

Legenda
AE: átrio esquerdo
AD: átrio direito
VE: ventrículo esquerdo
VD: ventrículo direito

O coração humano é um órgão muscular vital localizado no tórax, desempenhando a função essencial de bombear sangue por todo o corpo. Com quatro câmaras – dois átrios e dois ventrículos –, ele trabalha incansavelmente, batendo em média 70 a 100 vezes por minuto. O lado direito do coração recebe sangue desoxigenado do corpo e o bombeia para os pulmões, onde ocorre a oxigenação. O lado esquerdo, então, recebe o sangue oxigenado dos pulmões e o distribui para o resto do corpo. Esse processo contínuo é crucial para fornecer oxigênio e nutrientes às células, além de remover dióxido de carbono e outros resíduos metabólicos. O coração, primordial no sistema circulatório, desempenha um papel vital na manutenção da pressão sanguínea e na saúde geral do organismo.

VISTA INTERNA

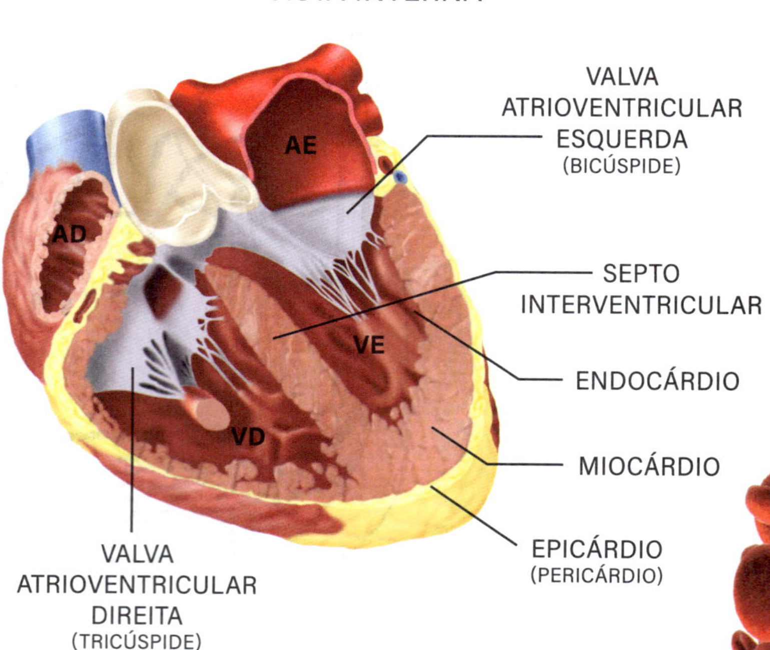

SISTEMA CIRCULATÓRIO

A CIRCULAÇÃO DO SANGUE NO CORAÇÃO

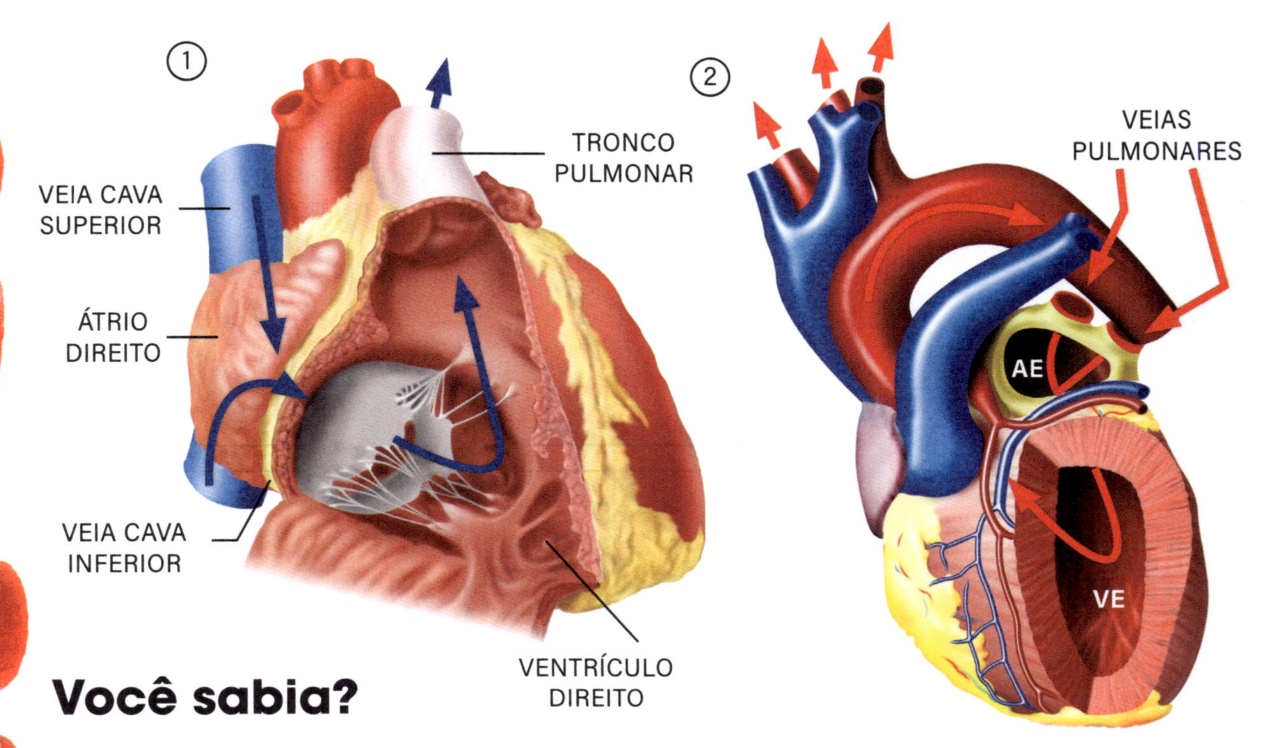

Você sabia?

A Figura 1 ilustra o percurso do sangue venoso, colorido de azul, originário de várias partes do corpo, que alcança o coração pelas veias cavas superior e inferior. Esse sangue flui através do átrio direito e do tronco pulmonar até atingir os pulmões. Por outro lado, a Figura 2 mostra a trajetória do sangue arterial, indicado em vermelho. Este sangue, após a oxigenação nos pulmões, retorna ao coração via veias pulmonares, circulando pelo átrio esquerdo, ventrículo esquerdo e saindo pela aorta para ser distribuído por todo o organismo.

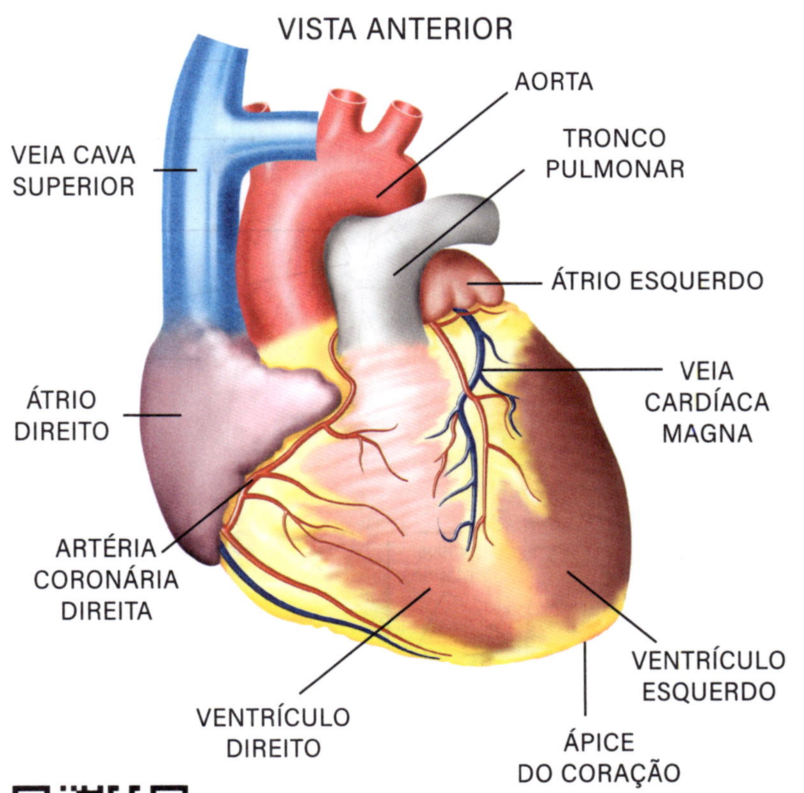

CORAÇÃO PULSANDO

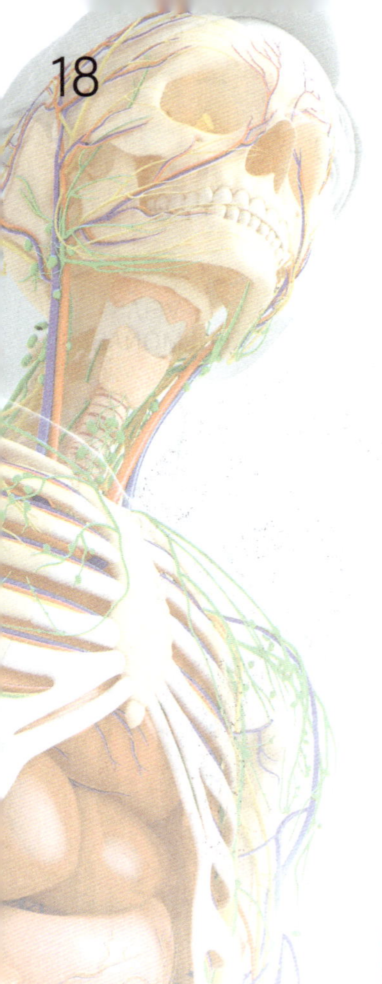

SISTEMA LINFÁTICO

VASOS LINFÁTICOS E LINFONODOS

O sistema linfático é uma rede complexa de vasos linfáticos, linfonodos, e órgãos como o baço e o timo, desempenhando funções vitais na imunidade e na drenagem de fluidos corporais. Ele transporta a linfa, um fluido rico em células imunológicas, ajudando a filtrar patógenos e a manter a homeostase do fluido corporal.

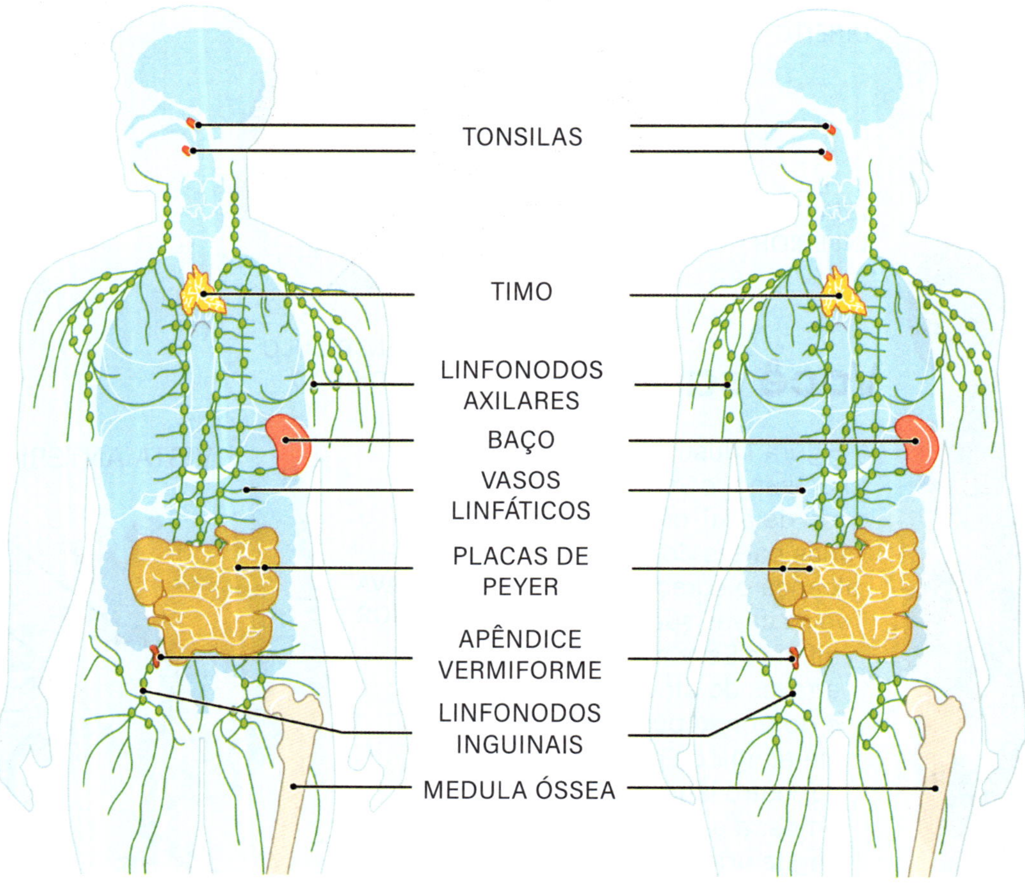

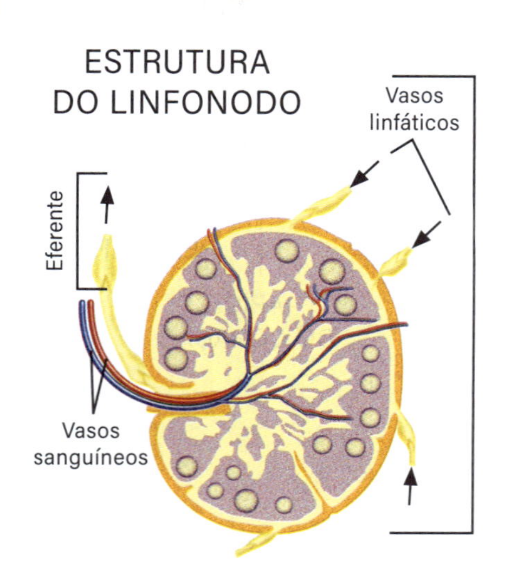

Você sabia?

Os linfonodos são pequenas estruturas do sistema linfático, fundamentais para a resposta imunológica do corpo. Localizados em áreas como pescoço, axilas e virilha, eles filtram patógenos e células danificadas. Contendo células imunes como linfócitos, os linfonodos se incham ao combater infecções, sinalizando uma resposta imune ativa. Eles são cruciais na detecção e reação a agentes infecciosos, ajudando a manter a saúde do organismo. Este inchaço é um indicativo da luta do corpo contra invasores, como bactérias e vírus.

ÓRGÃOS DOS SENTIDOS

ORELHA E AUDIÇÃO

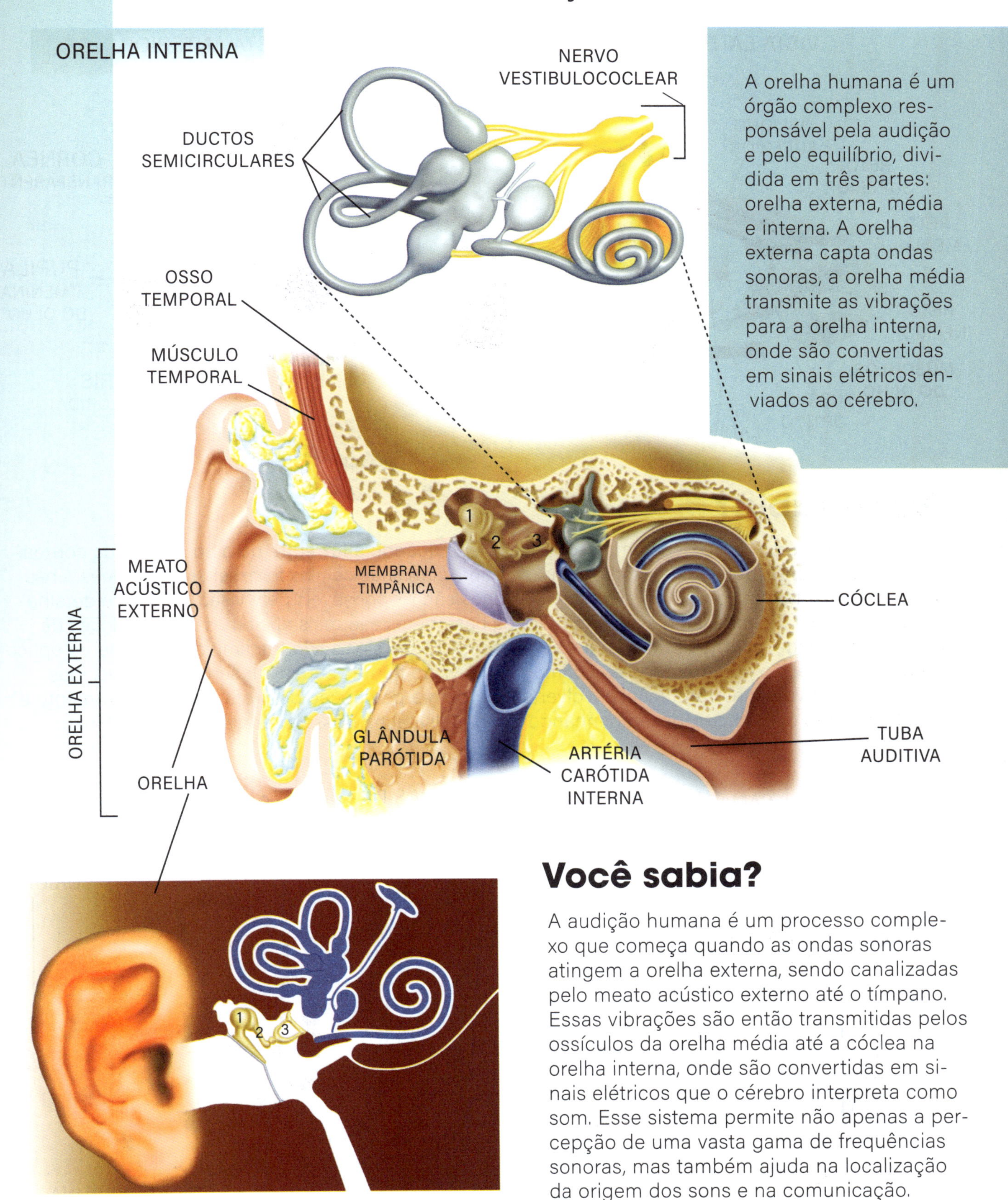

1 - MARTELO | 2 - BIGORNA | 3 - ESTRIBO

A orelha humana é um órgão complexo responsável pela audição e pelo equilíbrio, dividida em três partes: orelha externa, média e interna. A orelha externa capta ondas sonoras, a orelha média transmite as vibrações para a orelha interna, onde são convertidas em sinais elétricos enviados ao cérebro.

Você sabia?

A audição humana é um processo complexo que começa quando as ondas sonoras atingem a orelha externa, sendo canalizadas pelo meato acústico externo até o tímpano. Essas vibrações são então transmitidas pelos ossículos da orelha média até a cóclea na orelha interna, onde são convertidas em sinais elétricos que o cérebro interpreta como som. Esse sistema permite não apenas a percepção de uma vasta gama de frequências sonoras, mas também ajuda na localização da origem dos sons e na comunicação.

ÓRGÃOS DOS SENTIDOS

OLHO (VISÃO)

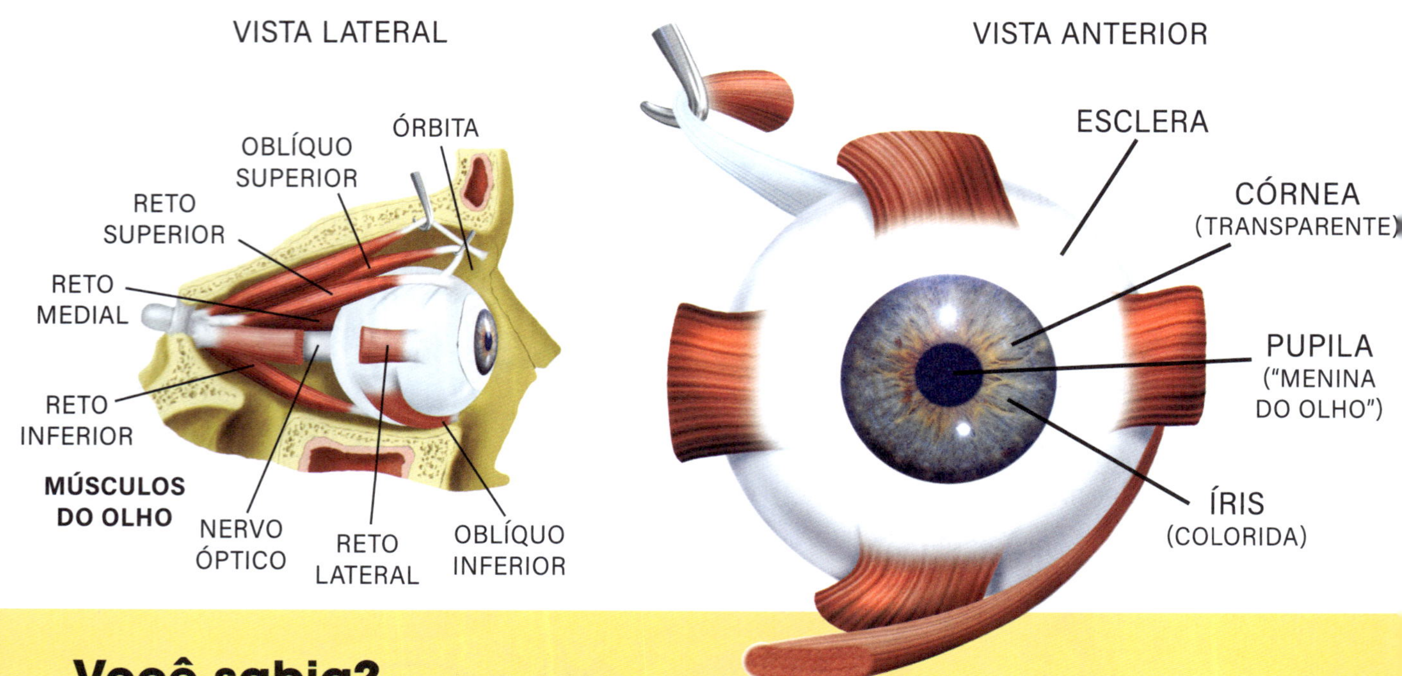

Você sabia?

A visão humana é um processo complexo que começa quando a luz entra no olho através da córnea, passando pela lente, que foca a luz na retina. A retina, com suas células fotossensíveis - cones e bastonetes - converte a luz em sinais elétricos. Os cones são responsáveis pela visão colorida e detalhada em condições de boa iluminação, enquanto os bastonetes são mais eficientes em condições de baixa luminosidade, contribuindo para a visão noturna. Esses sinais são transmitidos pelo nervo óptico ao cérebro, onde são interpretados como imagens. A visão não é apenas um sentido passivo, mas um processo ativo de interpretação, envolvendo também a percepção de profundidade, movimento e reconhecimento de padrões, desempenhando um papel vital na nossa interação com o ambiente.

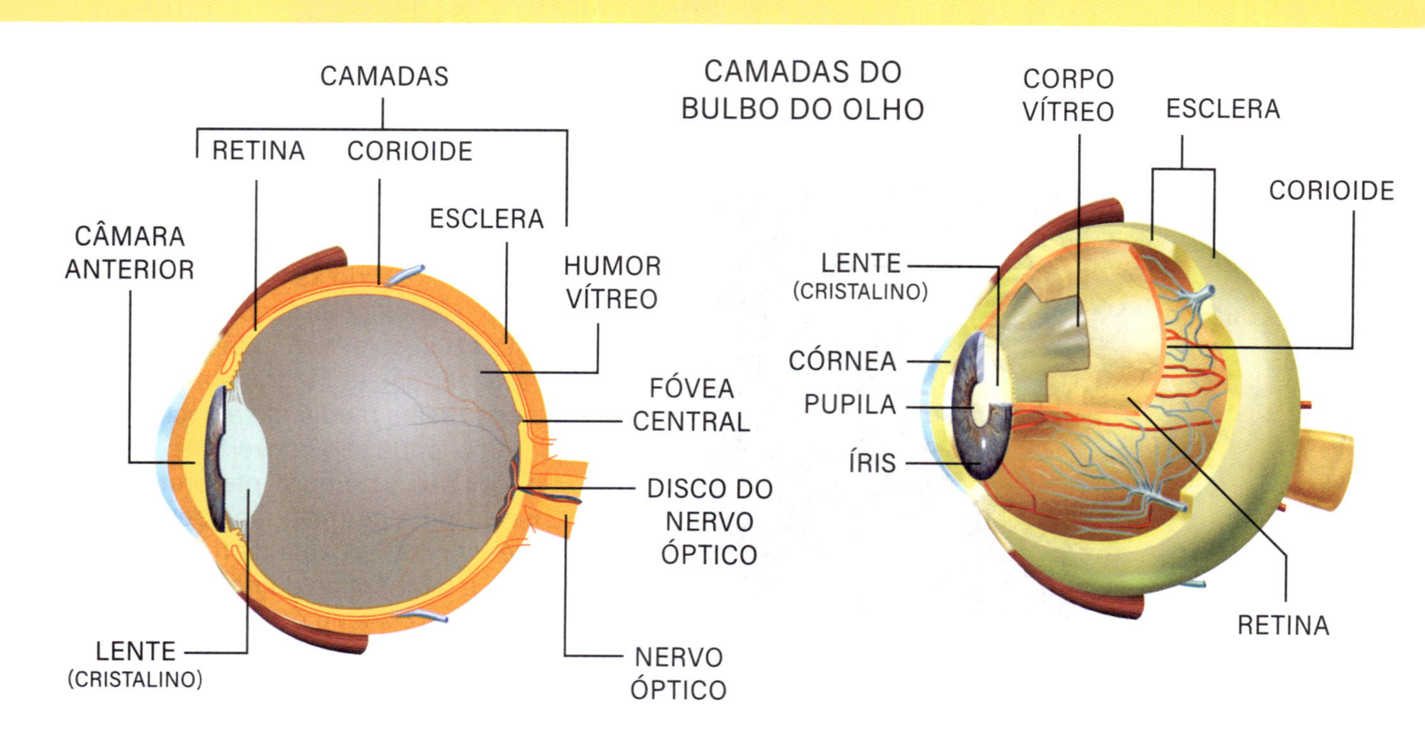

ÓRGÃOS DOS SENTIDOS
LÍNGUA E NARIZ (GUSTAÇÃO e OLFAÇÃO)

A gustação, ou sentido do paladar, é um processo sensorial pelo qual os seres humanos percebem e distinguem os sabores dos alimentos e bebidas. Esse sentido é mediado pelas papilas gustativas, localizadas principalmente na língua, que detectam sabores básicos como doce, salgado, amargo, azedo e umami. A gustação é essencial para a experiência alimentar e também desempenha um papel importante na segurança alimentar, ajudando a identificar alimentos estragados ou tóxicos.

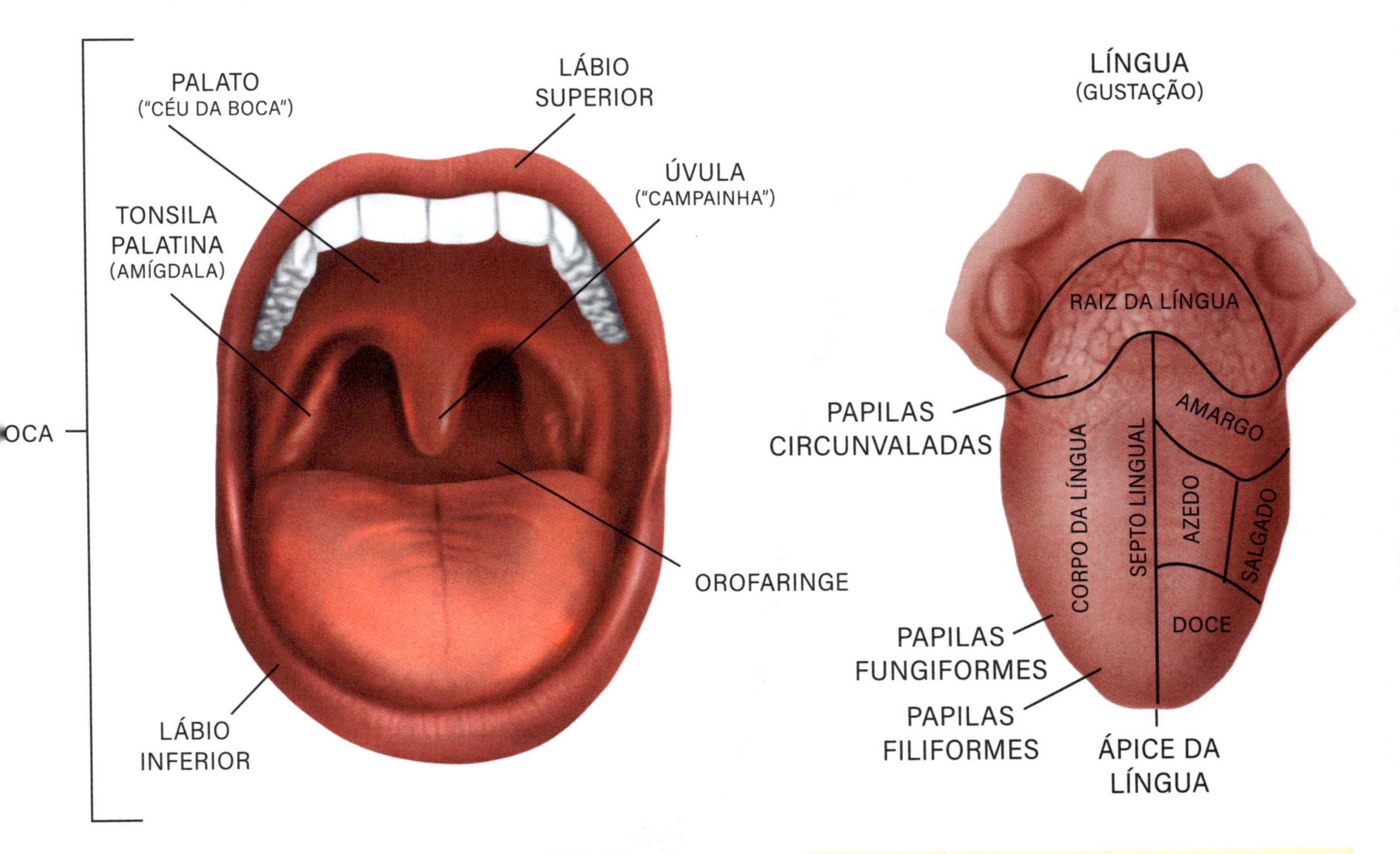

NARIZ (OLFAÇÃO)

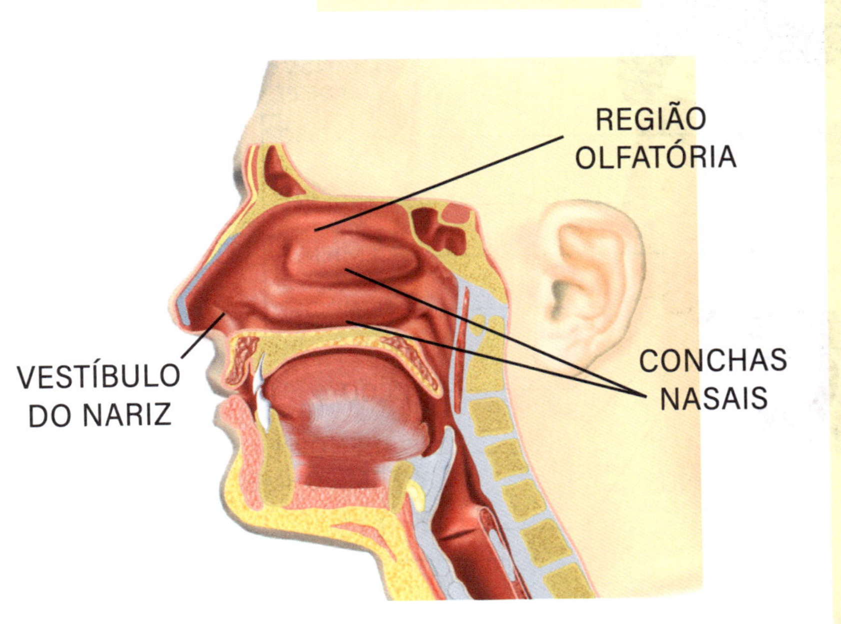

O olfato humano, um sentido essencial, é mediado por receptores olfativos no epitélio nasal que detectam e diferenciam uma ampla gama de odores. Esse sentido está intimamente ligado à memória e emoções, desempenhando um papel crucial na percepção do sabor dos alimentos e na detecção de perigos, como fumaça ou alimentos estragados. A capacidade olfativa varia significativamente entre as pessoas e pode ser afetada por fatores como idade, saúde e exposição a certos ambientes ou substâncias.

SISTEMA DIGESTÓRIO

ESQUEMA GERAL

ESTÔMAGO POR DENTRO

360°

Você sabia?

O sistema digestório é uma maravilha da biologia, responsável pela quebra dos alimentos em nutrientes essenciais para o corpo. Começando pela boca, onde a mastigação e a saliva iniciam o processo de digestão, o alimento segue pelo esôfago até o estômago. Lá, ele é misturado com sucos gástricos que ajudam a decompor ainda mais. Depois, passa pelo intestino delgado, onde os nutrientes são absorvidos, e pelo intestino grosso, responsável pela absorção de água e formação do bolo fecal. Finalmente, os resíduos são excretados, completando um processo essencial para a nossa saúde e sobrevivência.

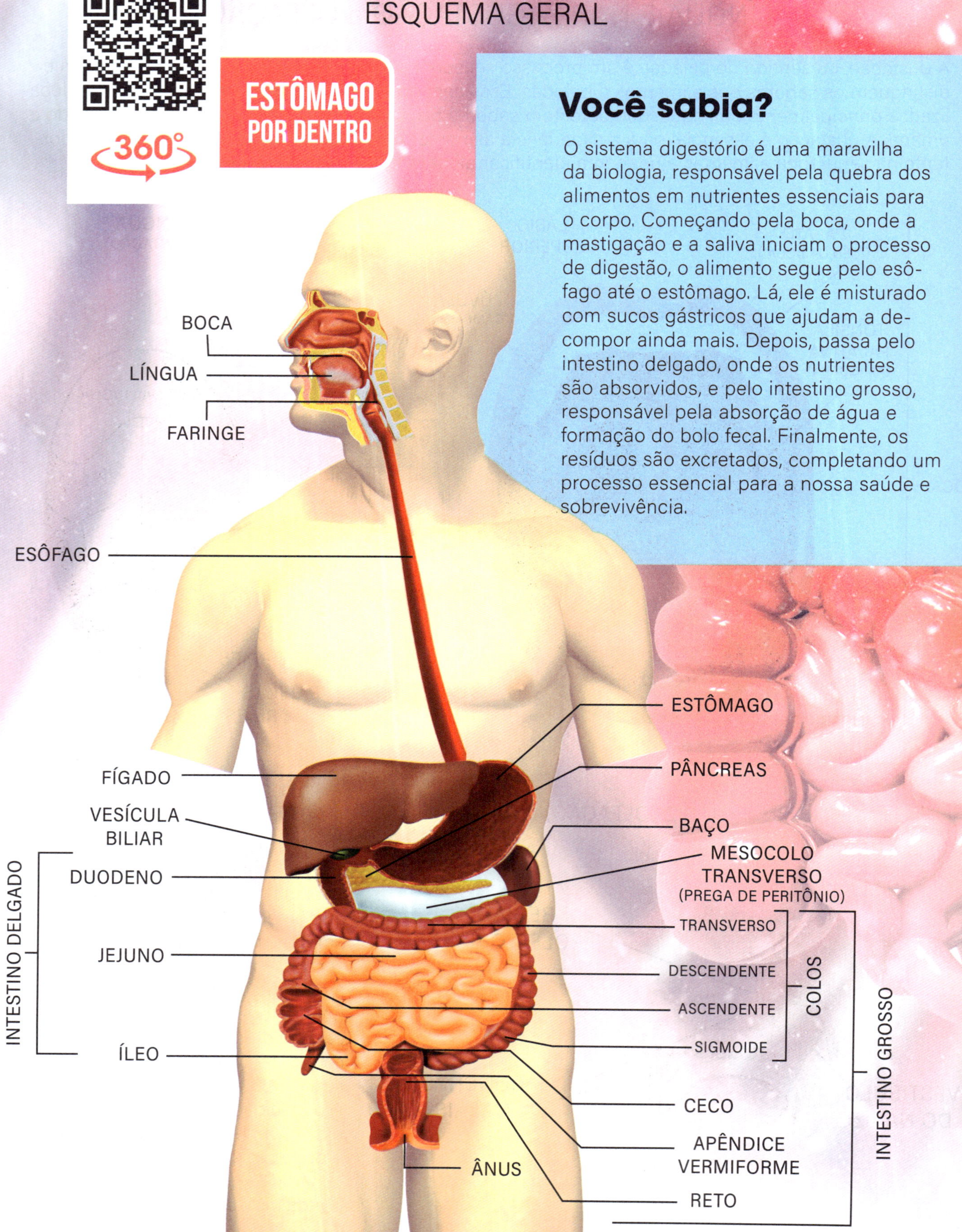

SISTEMA DIGESTÓRIO

ESTÔMAGO, INTESTINO, PÂNCREAS E FÍGADO

GLÂNDULAS SALIVARES: PARÓTIDAS, SUBMANDIBULARES E SUBLINGUAIS

As glândulas salivares são essenciais para a digestão e a saúde bucal, produzindo saliva que ajuda na mastigação, na gustação e na proteção dos dentes.

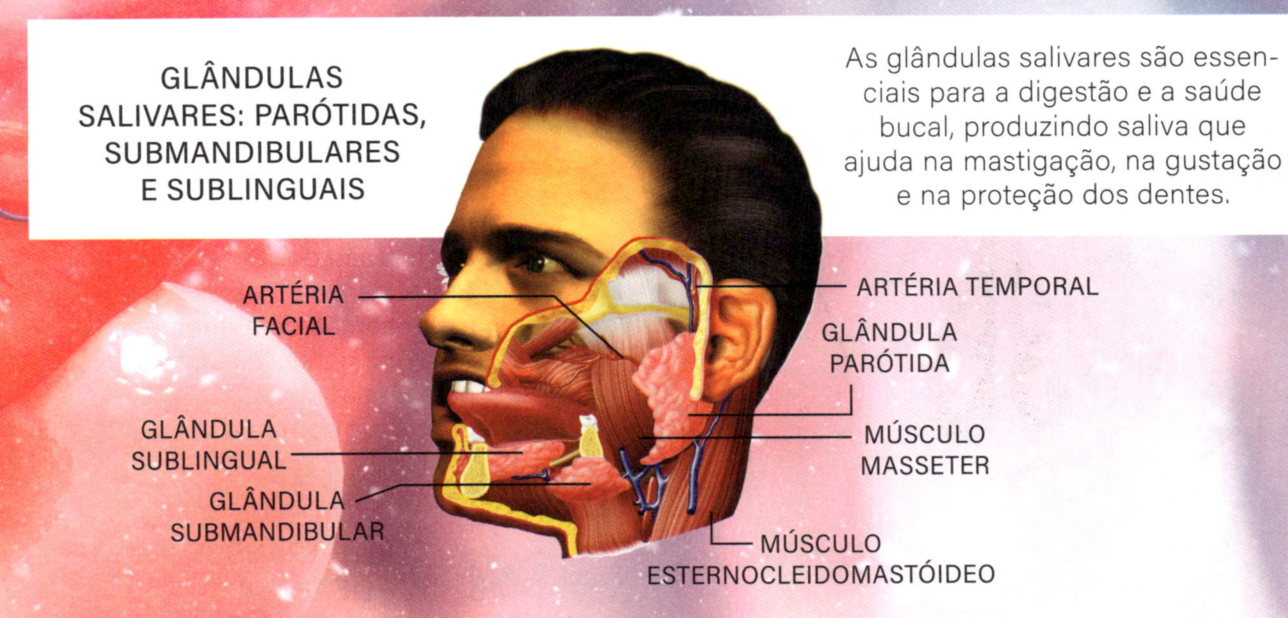

FÍGADO – VISTA INFERIOR

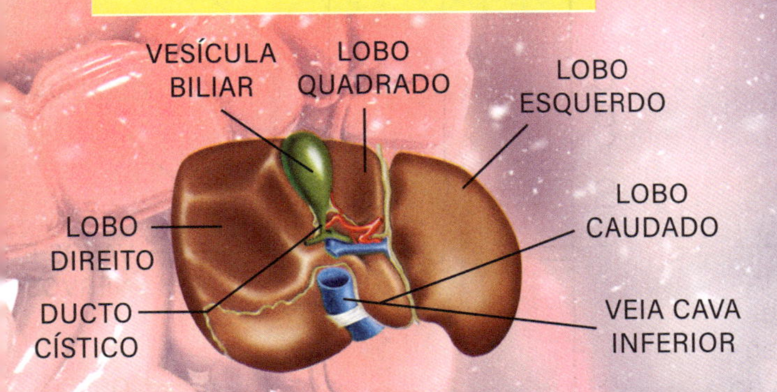

O fígado é um órgão vital que desempenha funções essenciais para a saúde humana. Ele é responsável pela desintoxicação do corpo, filtrando toxinas do sangue. Além disso, o fígado auxilia na digestão, produzindo bile necessária para quebrar gorduras. Também é crucial na regulação de substâncias químicas no sangue, como glicose, colesterol e proteínas. Por fim, o fígado tem um papel fundamental na síntese de importantes fatores de coagulação, contribuindo para a prevenção de hemorragias.

ESTÔMAGO (ABERTO)

O estômago é um órgão muscular vital no sistema digestório. Ele funciona como um reservatório temporário para o alimento, onde a digestão química se inicia. As paredes do estômago secretam ácido gástrico e enzimas que quebram os alimentos, auxiliando na digestão. Esse processo não só transforma o alimento em uma forma mais digerível, mas também mata bactérias e outros patógenos ingeridos. Assim, o estômago desempenha um papel crucial na absorção de nutrientes e na manutenção da saúde geral do corpo.

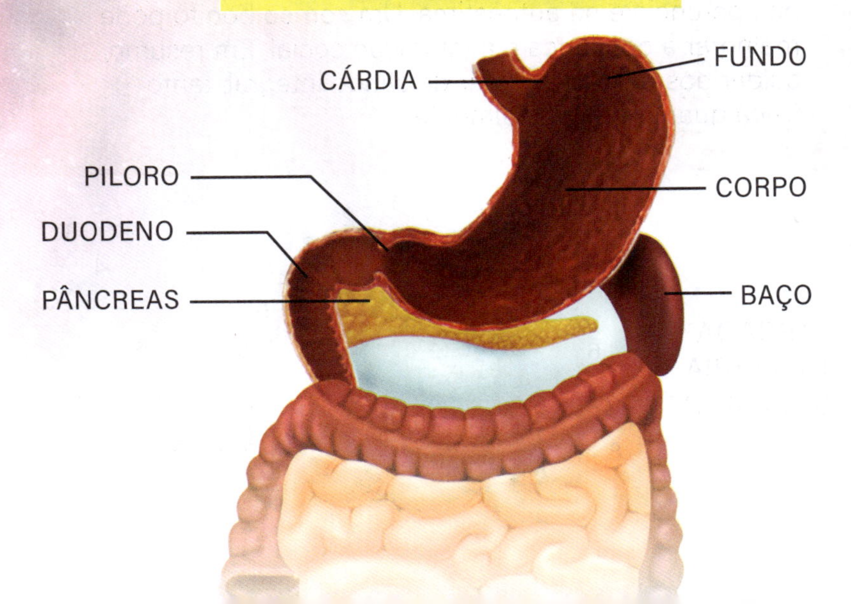

SISTEMA DIGESTÓRIO

DENTES

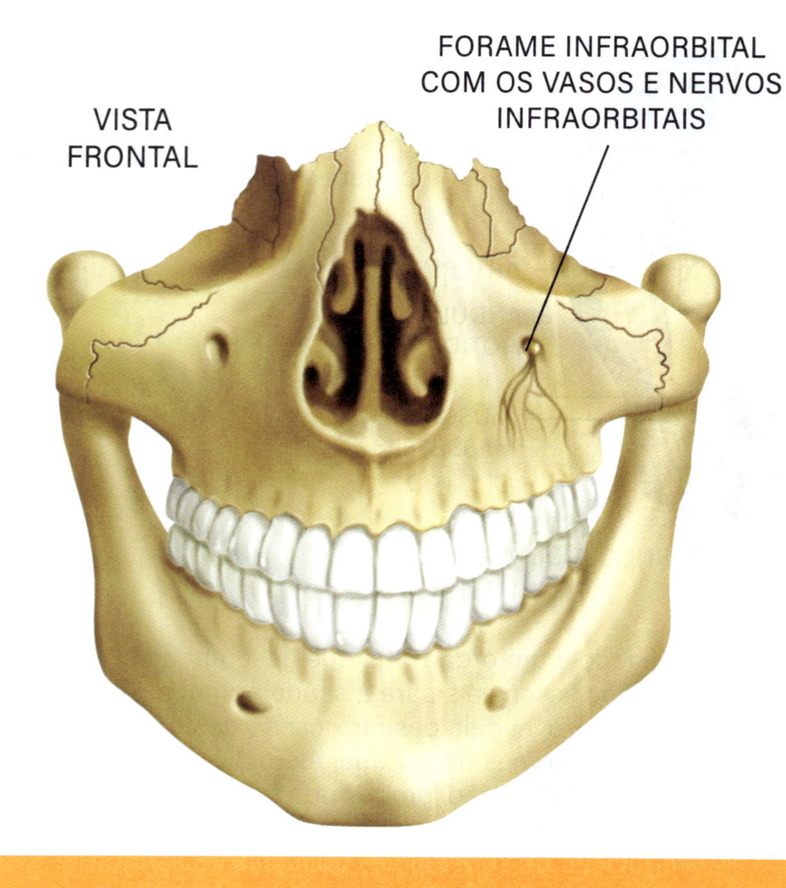

Os dentes são componentes essenciais da anatomia humana, desempenhando um papel crucial na saúde e no bem-estar geral. Eles são fundamentais para a mastigação eficiente, permitindo a trituração dos alimentos, o que é vital para a digestão adequada e a absorção de nutrientes. Além disso, os dentes são importantes para a fala clara, ajudando na pronúncia correta das palavras.

CORTE TRANSVERSAL DE UM DENTE

POLPA
DENTINA
ESMALTE
GENGIVA
COROA
COLO
RAIZ
VASOS E NERVOS
OSSO
CANAL DA RAIZ

A saúde dentária reflete diretamente na saúde geral do corpo. Problemas dentários, como cáries e doenças gengivais, podem levar a complicações mais sérias, incluindo infecções e doenças cardíacas. Portanto, a higiene oral, como escovação regular e visitas ao dentista, é essencial para manter os dentes saudáveis. Esteticamente, os dentes têm um papel significativo na aparência e na autoestima. Um sorriso bonito pode melhorar a confiança e a interação social. Em resumo, cuidar dos dentes é cuidar da saúde integral, tanto física quanto emocionalmente.

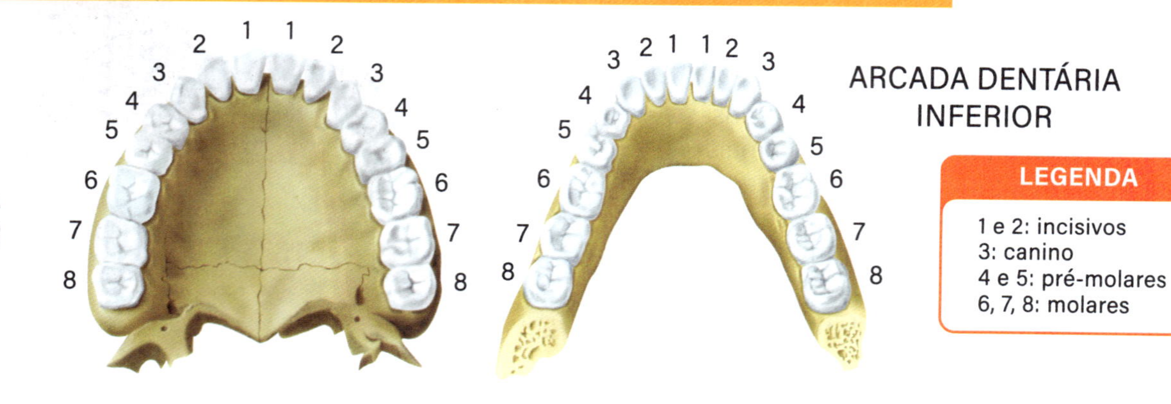

LEGENDA
1 e 2: incisivos
3: canino
4 e 5: pré-molares
6, 7, 8: molares

SISTEMA URINÁRIO

ESQUEMA GERAL

O sistema urinário, composto por rins, ureteres, bexiga e uretra, desempenha funções cruciais na filtração do sangue, removendo resíduos e excesso de líquidos para manter o equilíbrio de fluidos e eletrólitos no corpo. A urina produzida pelos rins é transportada pelos ureteres até a bexiga, sendo posteriormente excretada através da uretra, ajudando também na regulação da pressão arterial e no equilíbrio ácido-base do organismo.

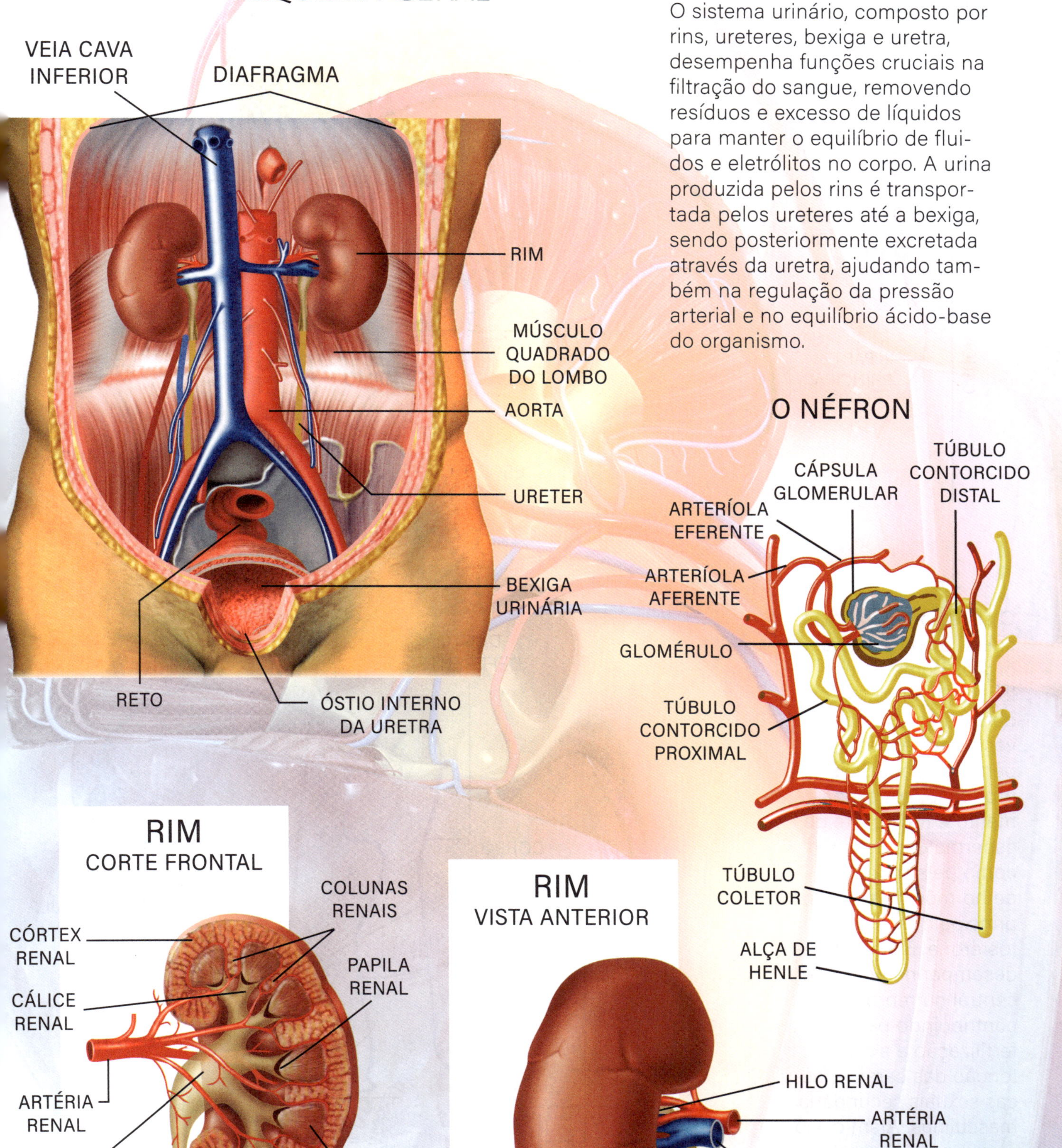

SISTEMA GENITAL
MASCULINO

ESPERMATOZOIDE

CABEÇA
COLO
PARTE MÉDIA
CAUDA
PARTE PRINCIPAL

O sistema genital masculino é composto por órgãos como testículos, epidídimos, vasos deferentes, próstata, vesículas seminais e pênis, responsáveis pela produção, armazenamento e transporte de espermatozoides, bem como pela produção de hormônios sexuais, principalmente a testosterona. Esse sistema desempenha um papel central na reprodução, contribuindo para a fertilização e a manutenção das características sexuais secundárias masculinas. Além disso, a próstata e as vesículas seminais produzem fluidos que protegem e nutrem os espermatozoides, formando o sêmen.

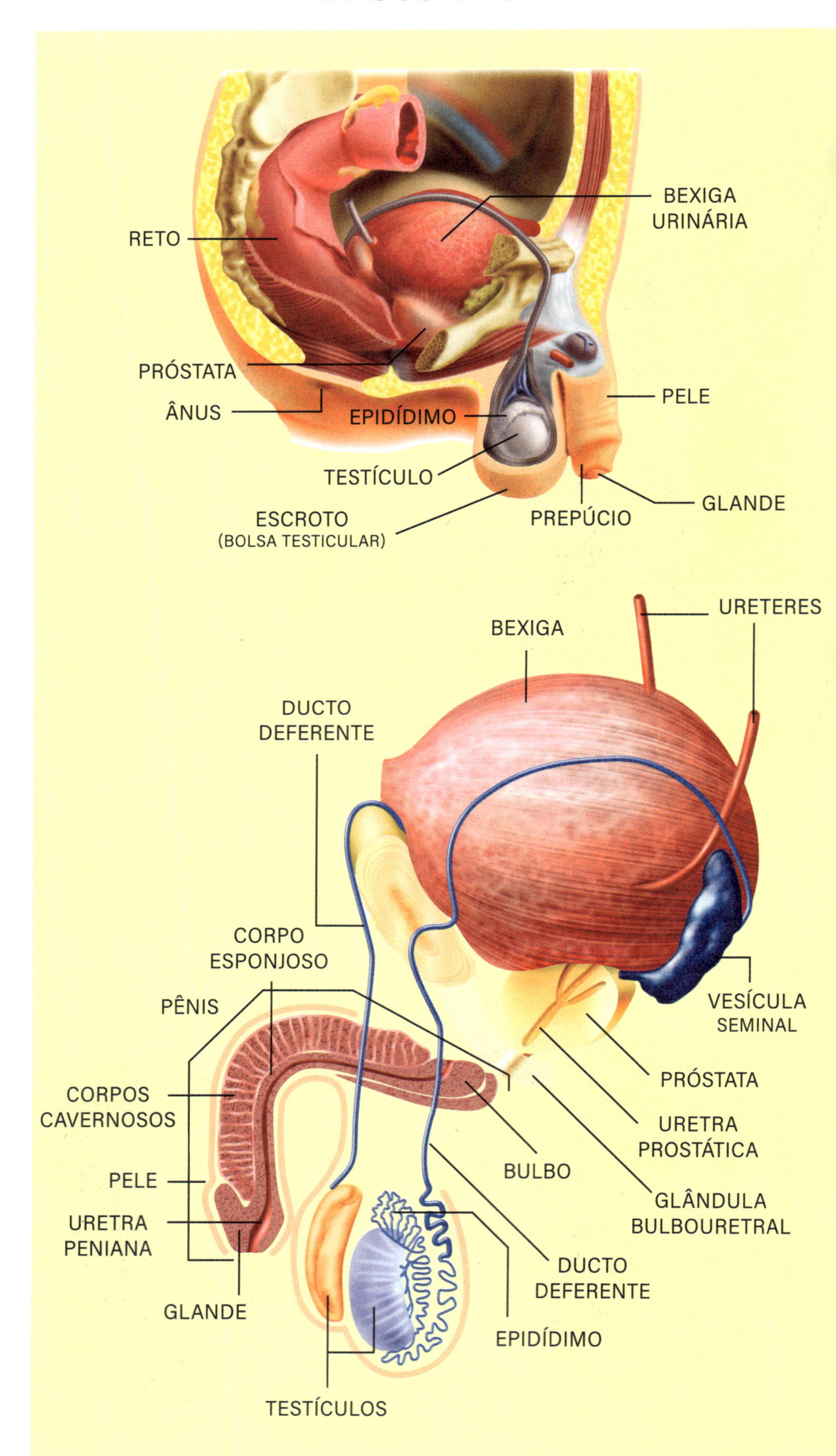

SISTEMA GENITAL
FEMININO

O sistema genital feminino desempenha um papel crucial na reprodução e na saúde hormonal, consistindo em órgãos internos e externos. Internamente, inclui os ovários, que produzem óvulos e hormônios como estrogênio e progesterona; as tubas uterinas, onde ocorre a fecundação; o útero, local de desenvolvimento do embrião; e a vagina, canal que conecta o útero ao exterior. Externamente, a vulva protege as aberturas da vagina e da uretra. Esse sistema é essencial para a reprodução, pois nele ocorrem o ciclo menstrual e a gravidez, desempenhando um papel fundamental na saúde sexual e reprodutiva da mulher.

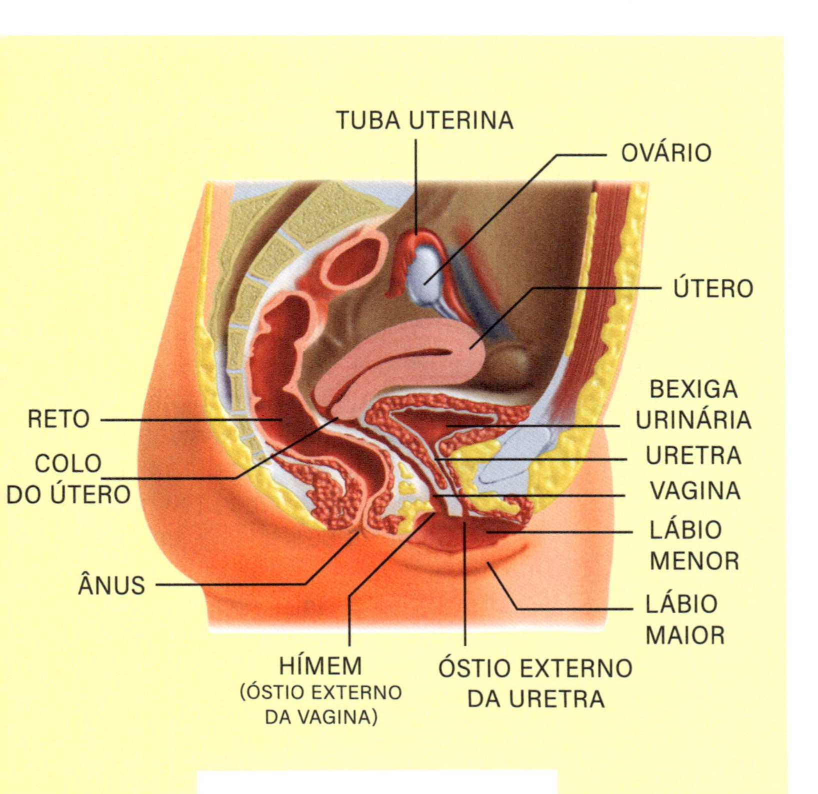

ESTRUTURAS EXTERNAS

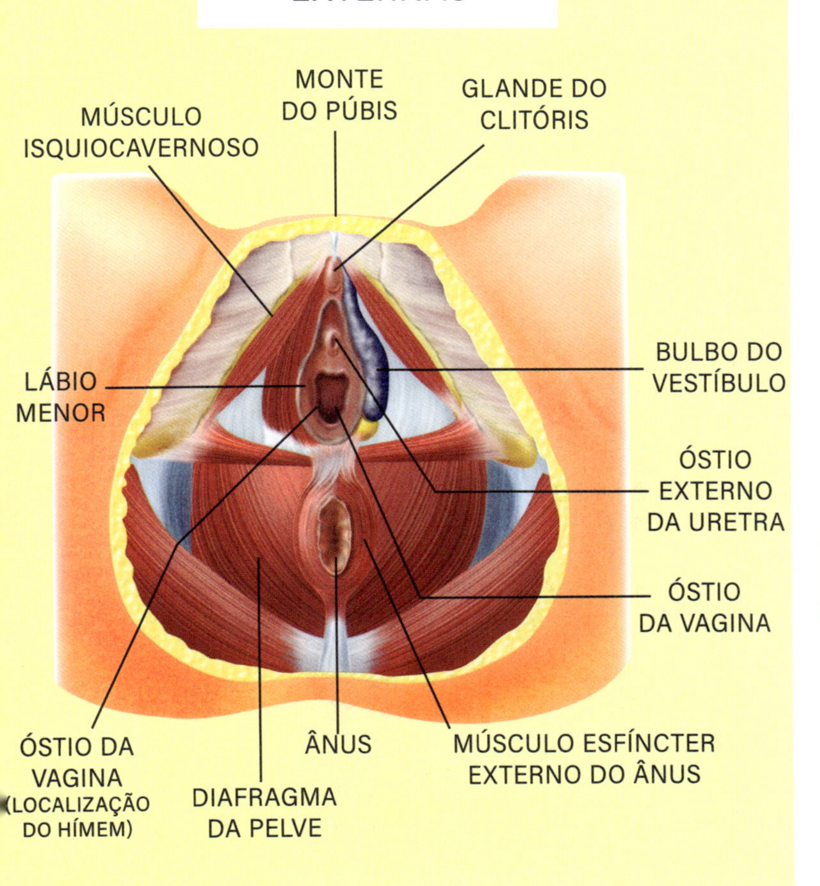

ESTRUTURAS INTERNAS

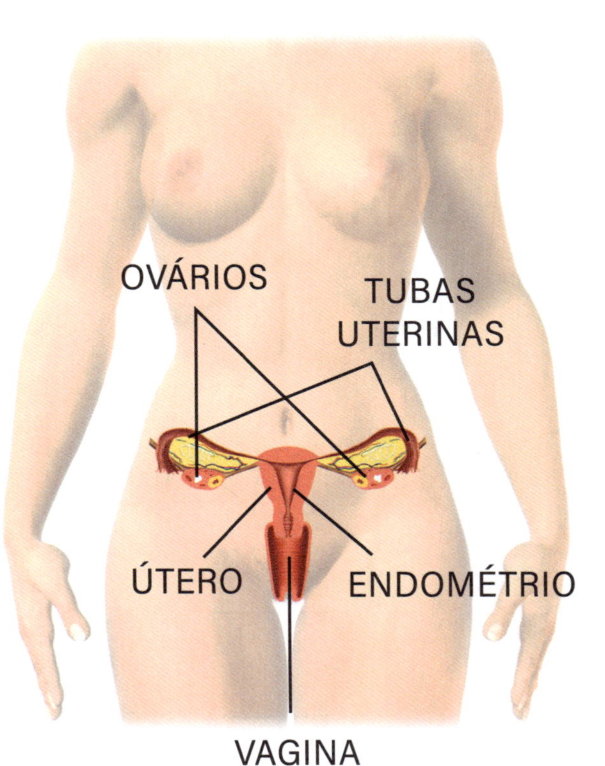

PELE E ANEXOS

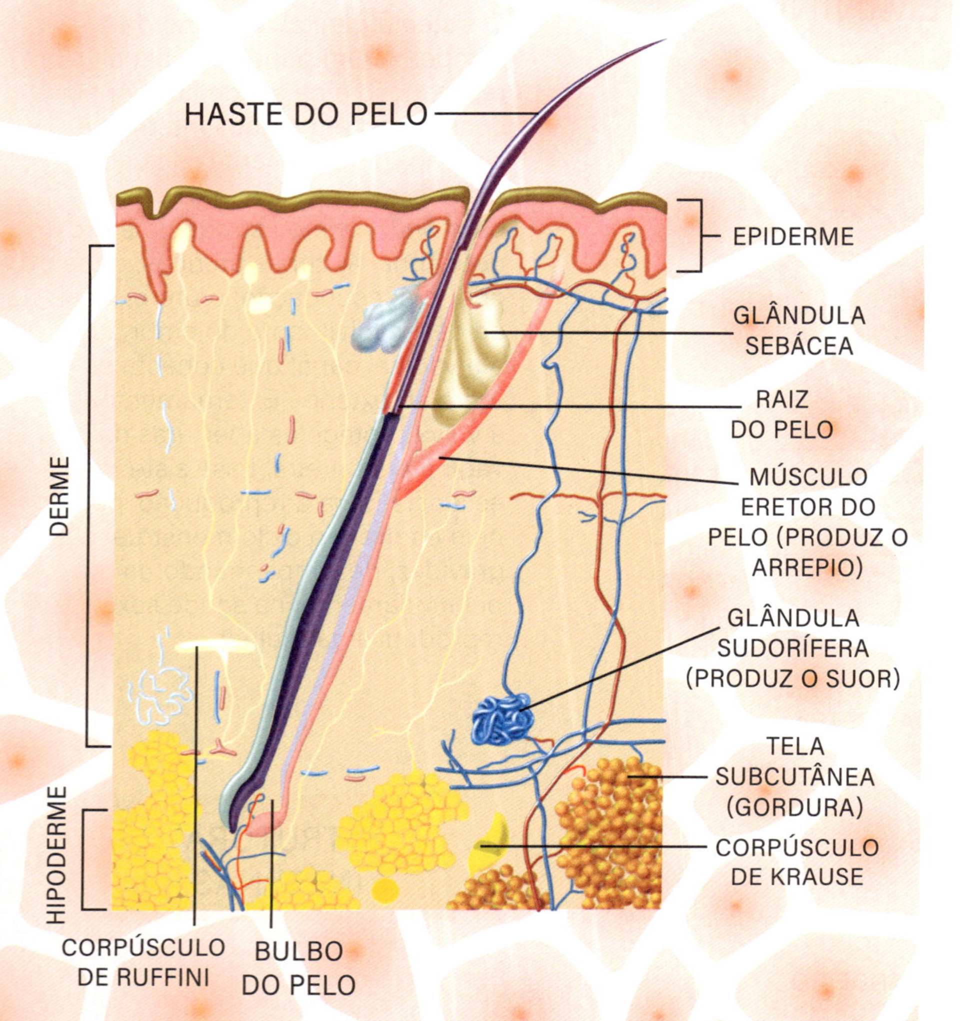

Você sabia?

A pele, o maior órgão do corpo humano, desempenha funções vitais, incluindo proteção, regulação da temperatura, sensação, excreção e produção de vitamina D. É composta por três camadas principais: a epiderme, externa, que fornece uma barreira contra bactérias e lesões; a derme, rica em colágeno e vasos sanguíneos, responsável pela elasticidade e sensibilidade; e a hipoderme, que armazena gordura e ajuda a isolar termicamente o corpo. A pele também desempenha um papel crucial no sistema imunológico e na comunicação sensorial, adaptando-se constantemente às condições ambientais e internas do corpo.

UNHA

MAMA

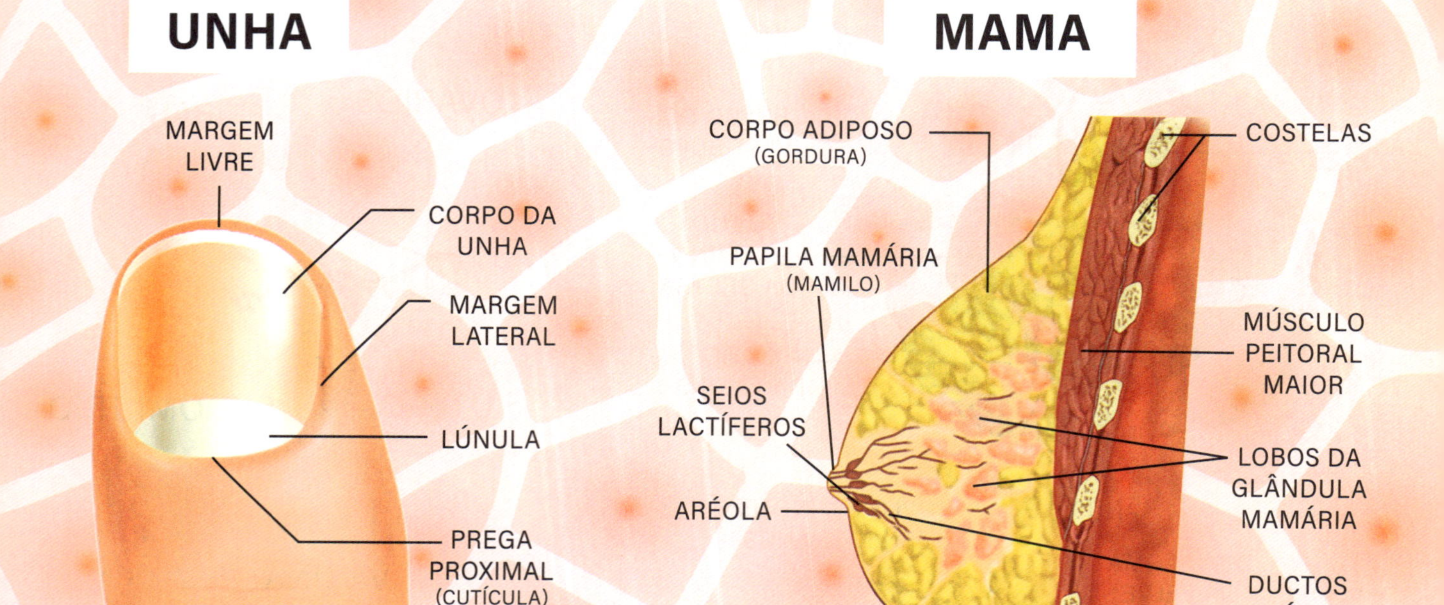

SISTEMA ENDÓCRINO

O sistema endócrino é composto por glândulas que desempenham funções essenciais na regulação de processos biológicos. A hipófise, localizada na base interna do crânio, é conhecida como a "glândula mestra", controlando outras glândulas e influenciando o crescimento, o metabolismo e a reprodução. A tireoide, no pescoço, regula o metabolismo e o desenvolvimento através de hormônios como T4 e T3. As paratireoides, situadas atrás da tireoide, são essenciais para o equilíbrio de cálcio e fósforo no corpo. As glândulas suprarrenais, acima dos rins, produzem hormônios que ajudam na resposta ao estresse e na regulação do metabolismo e da pressão sanguínea. O pâncreas, com suas funções endócrina e digestiva, é crucial na regulação dos níveis de glicose no sangue.

Você sabia?

A hipófise tem aproximadamente o tamanho de uma ervilha.

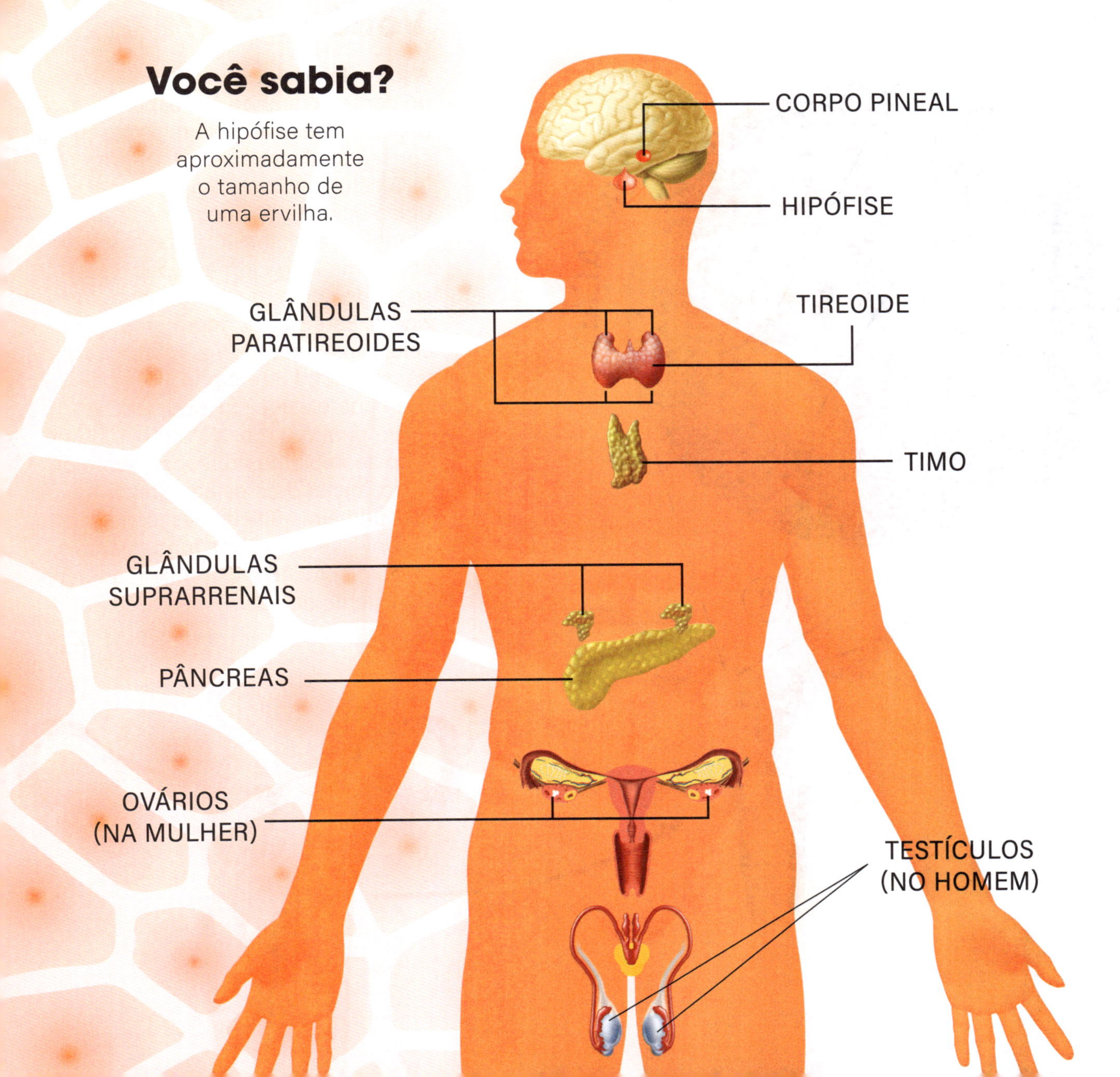

GESTAÇÃO

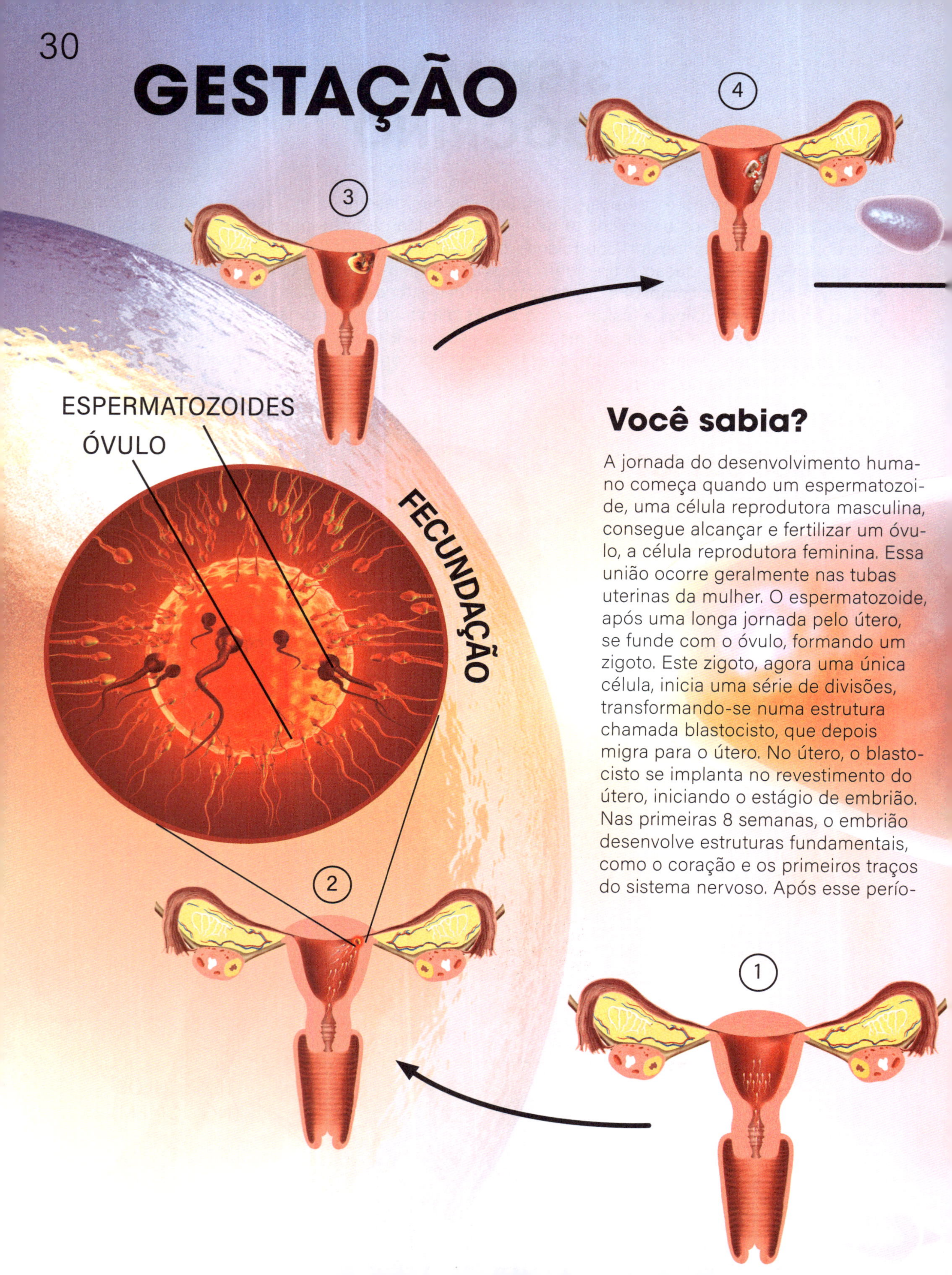

Você sabia?

A jornada do desenvolvimento humano começa quando um espermatozoide, uma célula reprodutora masculina, consegue alcançar e fertilizar um óvulo, a célula reprodutora feminina. Essa união ocorre geralmente nas tubas uterinas da mulher. O espermatozoide, após uma longa jornada pelo útero, se funde com o óvulo, formando um zigoto. Este zigoto, agora uma única célula, inicia uma série de divisões, transformando-se numa estrutura chamada blastocisto, que depois migra para o útero. No útero, o blastocisto se implanta no revestimento do útero, iniciando o estágio de embrião. Nas primeiras 8 semanas, o embrião desenvolve estruturas fundamentais, como o coração e os primeiros traços do sistema nervoso. Após esse perío-

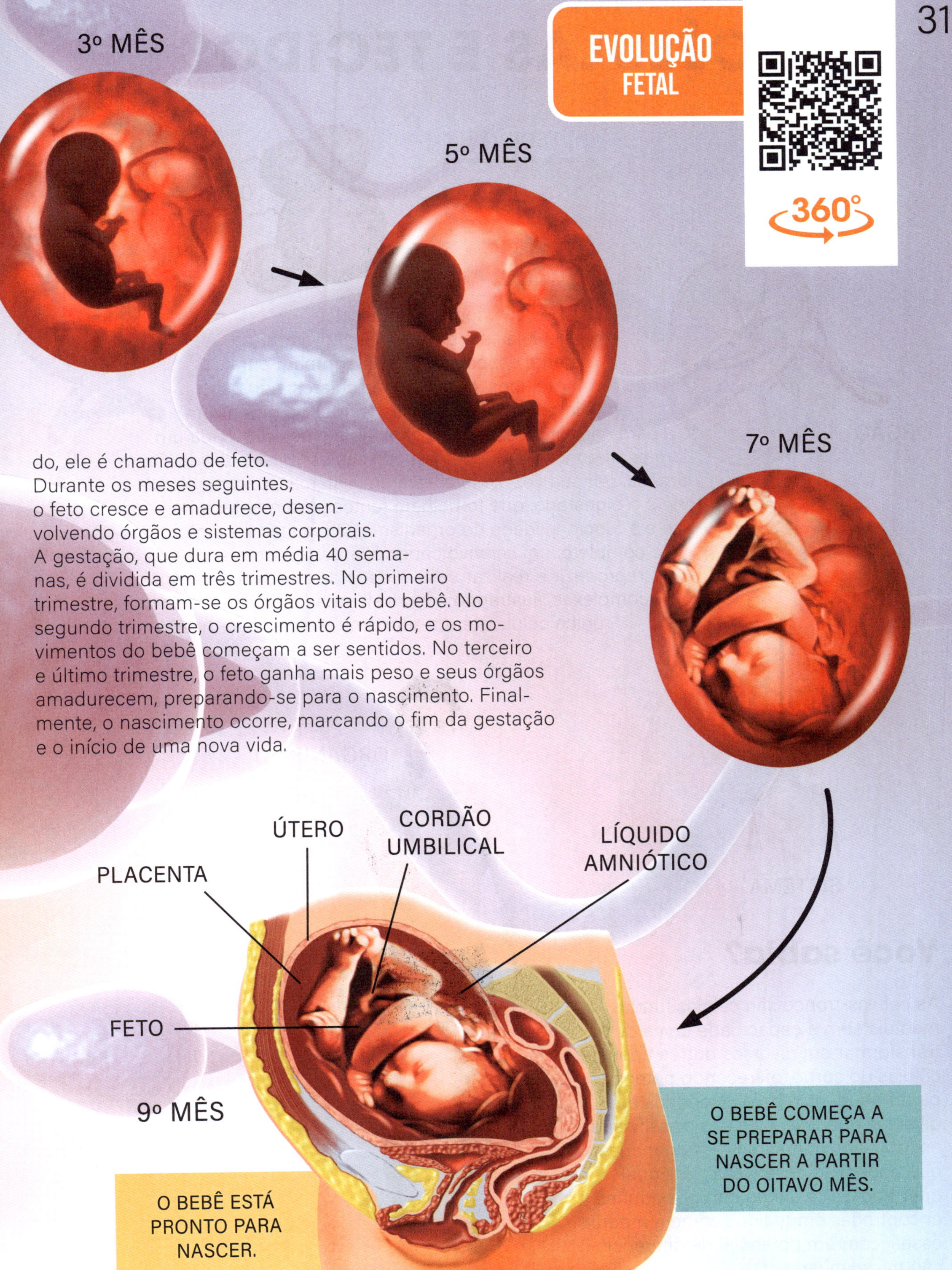

do, ele é chamado de feto. Durante os meses seguintes, o feto cresce e amadurece, desenvolvendo órgãos e sistemas corporais. A gestação, que dura em média 40 semanas, é dividida em três trimestres. No primeiro trimestre, formam-se os órgãos vitais do bebê. No segundo trimestre, o crescimento é rápido, e os movimentos do bebê começam a ser sentidos. No terceiro e último trimestre, o feto ganha mais peso e seus órgãos amadurecem, preparando-se para o nascimento. Finalmente, o nascimento ocorre, marcando o fim da gestação e o início de uma nova vida.

CÉLULAS E TECIDOS

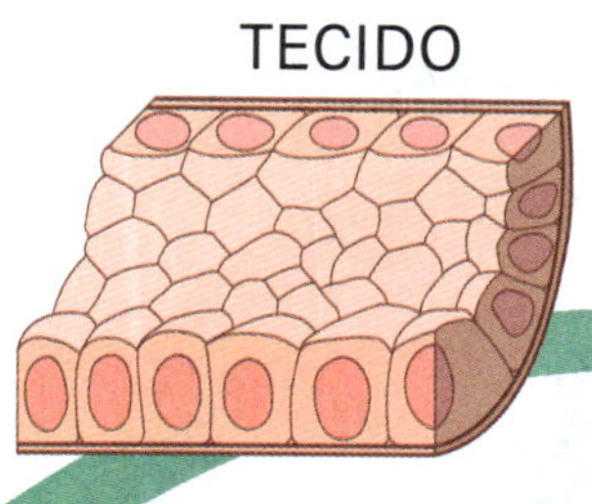

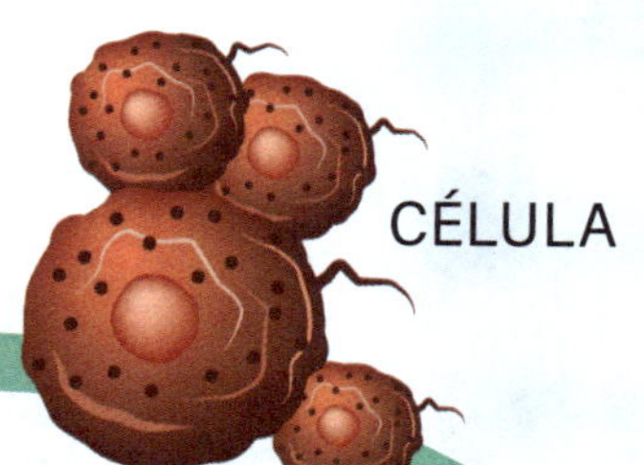

DNA

ÓRGÃO

A vida começa na escala celular, em que células individualmente especializadas se agrupam para formar tecidos, como os musculares, nervosos, epitelial e conjuntivo. Esses tecidos se organizam para criar órgãos, como o coração e o cérebro, cada um desempenhando funções específicas essenciais à vida. Os órgãos, por sua vez, se integram em sistemas, como o circulatório e o digestório, que trabalham juntos para manter a homeostase e a funcionalidade do organismo. O resultado é um organismo completo, um ser vivo capaz de interagir com seu ambiente, reproduzir e realizar uma miríade de atividades biológicas complexas, ilustrando a incrível jornada da vida desde uma única célula até um ser completamente formado.

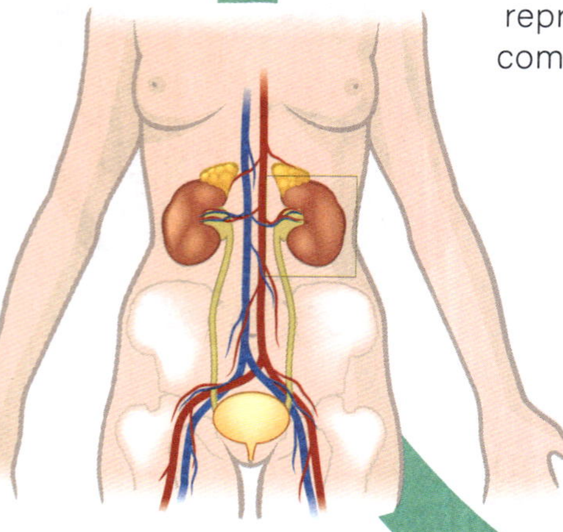

SISTEMA

ORGANISMO

Você sabia?

As células-tronco são células fundamentais com a capacidade única de se transformar em diversos outros tipos de células do corpo, oferecendo potencial para tratamentos revolucionários em diversas doenças. Elas são classificadas em dois tipos principais: embrionárias, que podem se desenvolver em qualquer tipo de célula do corpo, e adultas, encontradas em tecidos como a medula óssea, com um potencial de diferenciação mais limitado.